全国机械职业教育教学指导委员会"十三五"工业机器人技术专业推荐教材

李培根　宋天虎　丁汉　陈晓明/**顾问**

工业机器人技术及应用

主　编　杨　威　孙海亮　宋艳丽

副主编　龚东军　廖志远　张　郭
　　　　　陈　斌　马　阳　刘　丰

主　审　熊清平　杨海滨

华中科技大学出版社

中国·武汉

内 容 简 介

本书主要内容包括工业机器人的基本概念、工业机器人职业技能平台的组成和功能、工业机器人的操作与编程、工业机器人视觉系统的调试与应用、工业机器人离线编程及应用、总控单元运行与应用和工业机器人综合应用。

本书既可以作为中、高职院校及技校机电一体化、自动化技术、机械制造等专业的教材，也可以作为工业机器人培训教材，还可以作为从事工业机器人技术研究、开发的工程技术人员的参考书。

图书在版编目(CIP)数据

工业机器人技术及应用/杨威,孙海亮,宋艳丽主编.—武汉：华中科技大学出版社,2019.5(2023.1重印)
全国机械职业教育教学指导委员会"十三五"工业机器人技术专业推荐教材
ISBN 978-7-5680-5227-6

Ⅰ.①工… Ⅱ.①杨… ②孙… ③宋… Ⅲ.①工业机器人-职业教育-教材 Ⅳ.①TP242.2

中国版本图书馆 CIP 数据核字(2019)第 098933 号

工业机器人技术及应用　　　　　　　　　　　　杨　威　孙海亮　宋艳丽　主编
Gongye Jiqiren Jishu ji Yingyong

策划编辑：万亚军
责任编辑：吴　晗
封面设计：周　强
责任校对：曾　婷
责任监印：周治超
出版发行：华中科技大学出版社(中国·武汉)　　　电话：(027)81321913
　　　　　武汉市东湖新技术开发区华工科技园　　　邮编：430223
录　　排：华中科技大学惠友文印中心
印　　刷：武汉市籍缘印刷厂
开　　本：787mm×1092mm　1/16
印　　张：15
字　　数：376 千字
版　　次：2023 年 1 月第 1 版第 4 次印刷
定　　价：48.00 元

全国机械职业教育教学指导委员会"十三五"工业机器人技术专业推荐教材

指导委员会

（排名不分先后）

主 任 单 位　全国机械职业教育教学指导委员会

副主任单位　武汉华中数控股份有限公司　　　重庆华数机器人有限公司
　　　　　　佛山华数机器人有限公司　　　　深圳华数机器人有限公司
　　　　　　武汉高德信息产业有限公司　　　华中科技大学
　　　　　　武汉软件工程职业技术学院　　　包头职业技术学院
　　　　　　鄂尔多斯职业学院　　　　　　　重庆市工业技师学院
　　　　　　重庆市机械高级技工学校　　　　辽宁建筑职业学院
　　　　　　长春市机械工业学校　　　　　　内蒙古机电职业技术学院
　　　　　　华中科技大学出版社　　　　　　机械工业出版社

秘书长单位　武汉高德信息产业有限公司

成 员 单 位　重庆华数机器人有限公司　　　　佛山华数机器人有限公司
　　　　　　深圳华数机器人有限公司　　　　包头职业技术学院
　　　　　　武汉软件工程职业学院　　　　　重庆市工业技师学院
　　　　　　东莞理工学院　　　　　　　　　武汉第二轻工业学校
　　　　　　鄂尔多斯职业学院　　　　　　　重庆工贸职业技术学院
　　　　　　重庆市机械高级技工学校　　　　河南森茂机械有限公司
　　　　　　四川仪表工业学校　　　　　　　长春市机械工业学校
　　　　　　长春职业技术学院　　　　　　　赤峰工业职业技术学院
　　　　　　武汉华大新型电机科技股份有限公司　石家庄市职业教育技术中心
　　　　　　内蒙古机电职业技术学院　　　　成都工业职业技术学院
　　　　　　辽宁建筑职业学院　　　　　　　佛山市华材职业技术学校
　　　　　　广东轻工职业技术学院　　　　　佛山市南海区盐步职业技术学校
　　　　　　武汉高德信息产业有限公司　　　许昌技术经济学校
　　　　　　机械工业出版社　　　　　　　　华中科技大学出版社
　　　　　　武汉华中数控股份有限公司　　　华中科技大学

全国机械职业教育教学指导委员会"十三五"工业机器人技术专业推荐教材

编审委员会
（排名不分先后）

顾　问　李培根　宋天虎　丁　汉　陈晓明
主　任　熊清平　郑丽梅　刘怀兰
副主任　杨海滨　唐小琦　李望云　郝　俊　吴树会　滕少峰
　　　　廖　健　李　庆　胡成龙　邢美峰　郝巧梅　阮仁全
　　　　隋秀梅　刘　江　魏　杰　刘怀兰　黄楼林　杨建中
　　　　叶伯生　周　理　孙海亮　肖　明　杨宝军
秘书长　刘怀兰

编写委员会
（排名不分先后）

总　编　熊清平
副总编　杨海滨　滕少峰　王保军　叶伯生　邱　庆　孙海亮
　　　　周　理　宁　柯
委　员　滕少峰　叶伯生　禹　诚　王保军　吕　春　黄智科
　　　　邱　庆　陈　焱　祝义松　伍田平　何娅娜　胡方坤
　　　　冯贵新　赵红坤　赵　红　黄学彬　杨　林　聂文强
　　　　吴建红　刘怀兰　张　帅　金　磊　阎辰皓　黄东侨
　　　　张济明　左　湘

序

当前，以机器人为代表的智能制造，正逐渐成为全球新一轮生产技术革命浪潮中最澎湃的浪花，推动着各国经济发展的进程。随着工业互联网云计算、大数据、物联网等新一代信息技术的快速发展，社会智能化的发展趋势日益显现，机器人的服务也从工业制造领域，逐渐拓展到教育娱乐、医疗康复、安防救灾等诸多领域。机器人已成为智能社会不可或缺的人类助手。就国际形势来看，美国"再工业化"战略、德国"工业4.0"战略、欧洲"火花计划"、日本"机器人新战略"等，均将机器人产业作为发展重点，试图通过数字化、网络化、智能化夺回制造业优势。就国内发展而言，经济下行压力增大、环境约束日益趋紧、人口红利逐渐摊薄，产业迫切需要转型升级，形成增长新引擎，适应经济新常态。目前，中国政府提出"中国制造2025"战略规划，其中以机器人为代表的智能制造是难点也是挑战，是思路更是出路。

近年来，随着劳动力成本的上升和工厂自动化程度的提高，中国工业机器人市场正步入快速发展阶段。据统计，2015年上半年我国机器人销量达到5.6万台，增幅超过了50%，中国已经成为全球最大的工业机器人市场。据国际机器人联合会的统计显示，2014年在全球工业机器人大军中，中国企业的机器人使用数量约占四分之一。而预计到2017年，我国工业机器人数量将居全球之首。然而，机器人技术人才急缺，"数十万年薪难聘机器人技术人才"已经成为社会热点问题。因此，机器人产业发展，人才培养必须先行。

目前，我国职业院校较少开设机器人相关专业，缺乏相应的师资和配套的教材，也缺少工业机器人实训设施。这样的条件，很难培养出合格的机器人技术人才，也将严重制约机器人产业的发展。

综上所述，要实现我国机器人产业发展目标，在职业院校进行工业机器人技术人才及骨干师资培养示范院校建设，为机器人产业的发展提供人力资源支撑，就显得非常必要和紧迫。面对机器人产业强劲的发展势头，不论是从事工业机器人系统的操作、编程、运行与管理等工作的高技能应用型人才，还是从事一线教学的广大教育工作者都迫切需要实用性强、通俗易懂的机器人专业教材。编写和出版职业院校的机器人专业教材迫在眉睫，意义重大。

在这样的背景下，武汉华中数控股份有限公司与华中科技大学国家数控系统工程技术研究中心、武汉高德信息产业有限公司、华中科技大学出版社、电子工业出版社、武汉软件工程职业学院、包头职业技术学院、鄂尔多斯职业学院等单位，产、学、研、用相结合，组建"工业机器人产教联盟"，组织企业调研，并开展研讨会，编写了系列教材。

本系列教材具有以下鲜明的特点。

前瞻性强。作为一个服务于经济社会发展的新专业，本套教材含有工业机器人高职人才培养方案、高职工业机器人专业建设标准、课程建设标准、工业机器人拆装与调试等内容，覆盖面广，前瞻性强，是针对机器人专业职业教学的一次有效、有益的大胆尝试。

系统性强。本系列教材基于自动化、机电一体化等专业开设的工业机器人相关课程需要编写；针对数控实习进行改革创新，引入工业机器人实训项目；根据企业应用需求，编写相关教材，组织师资培训，构建工业机器人教学信息化平台等；为课程体系建设提供了必要的系统性支撑。

实用性强。依托本系列教材，可以开设如下课程：机器人操作、机器人编程、机器人维护维修、机器人离线编程系统、机器人应用等。本系列教材凸显理论与实践一体化的教学理念，把导、学、教、做、评等环节有机地结合在一起，以"弱化理论、强化实操，实用、够用"为目的，加强对学生实操能力的培养，让学生在"做中学，学中做"，贴合当前职业教育改革与发展的精神和要求。

参与本系列教材建设的包括行业企业带头人和一线教学、科研人员，他们有着丰富的机器人教学和实践经验。经过反复研讨、修订和论证，完成了编写工作。在这里也希望同行专家和读者对本系列教材不吝赐教，给予批评指正。我坚信，在众多有识之士的努力下，本系列教材的功效一定会得以彰显，前人对机器人的探索精神，将在新的时代得到传承和发扬。

"长江学者奖励计划"特聘教授
华中科技大学教授、博导

2015 年 7 月

前　言

随着机械技术、电子技术、控制理论的快速发展,工业机器人已成为智能制造领域不可或缺的机电一体化产品。"中国制造 2025""工业 4.0""机器人新战略"等,均将机器人产业作为发展的重点。工业机器人作为先进制造业中不可替代的重要装备和手段,已成为衡量一个国家制造业水平和科技水平的重要标志,它的推广与应用将促进我国装备制造业的发展。目前我国工业机器人行业正处于高速发展的阶段,但工业机器人专业人才的培养却处于严重滞后状态。因此,工业机器人技术已经成为广大工程技术人员迫切需要掌握的一门技术。

本书以武汉华中数控股份有限公司的工业机器人职业技能平台为例,系统介绍了工业机器人职业技能平台的组成和功能、工业机器人的操作与编程、视觉系统的调试与应用、工业机器人离线编程及应用、总控单元运行与应用和工业机器人综合应用等。以任务实施的模式,驱动教学过程,完成技能的训练与知识的学习,使得读者实践技能水平逐步提高。

本书既可以作为中、高职院校及技校机电一体化、自动化技术、机械制造等专业的教材,也可以作为工业机器人培训教材,还可以作为从事工业机器人技术研究、开发的工程技术人员的参考书。

本书由武汉华中数控股份有限公司杨威、孙海亮、刘丰,武汉交通职业学院宋艳丽,武汉软件工程职业学院龚东军,湖南工业职业技术学院廖志远,辽宁建筑职业学院马阳,兰州资源环境职业技术学院陈斌,重庆科创职业学院张郭编写,由武汉华中数控股份有限公司熊清平、佛山华数机器人有限公司杨海滨担任主审。具体分工为:项目一由孙海亮、刘丰编写,项目二由杨威、宋艳丽、龚东军编写,项目三由廖志远、陈斌、张郭编写,项目四由杨威、宋艳丽、马阳编写,项目五由杨威、孙海亮、龚东军编写,附录由杨威编写,全书由杨威统稿和定稿。本书凝结着武汉华中数控股份有限公司和佛山华数机器人有限公司各位同仁的辛勤劳动,在此表示衷心的感谢。在本书编写过程中,还参阅了国内外有关工业机器人方面的教材、资料和文献,在此对各位作者谨致谢意。

由于编者水平有限,加上技术发展迅速,在编写过程中难免存在一定的疏漏之处,敬请读者批评指正。

编　者

2018 年 11 月

目 录

项目一 工业机器人概述

任务一 认识工业机器人

任务目标

◆ 认识各种工业机器人；
◆ 掌握工业机器人的基本概念及技术参数。

知识目标

◆ 了解工业机器人概念及发展历程；
◆ 了解机器人的分类。

能力目标

◆ 能够识别工业机器人的各个组成部分。

任务描述

本任务将介绍工业机器人基本概念、发展历史、分类、组成及技术参数，使读者对机器人有一个清晰的认识，为下一步的学习做好准备。

知识准备

一、机器人的发展史

1954年，美国乔治·德沃尔（George Devol）最早提出工业机器人的思想，发明了一种可编程的关节型搬运装置，该装置的要点是借助伺服技术控制机器人的关节，利用人手对机器人进行示教，机器人能实现动作的记录和再现，这就是所谓的示教再现机器人。在此基础上，1958年，美国的Consolidateel公司制造了第一台工业机器人；1962年，美国AMF公司推出了"Verstran"型机器人，Unimation公司推出了"Unimate"型机器人。这些工业机器人就是早期机器人的雏形。20世纪70年代后，焊接、喷漆机器人相继在工业中得到应用和推广。随着计算机技术、控制技术、人工智能的发展，机器人技术也得到了迅速发展，出现了更为先进的可配视觉、触觉的智能机器人。

从应用领域来看，机器人主要集中在制造业的焊接、装配、机加工、电子、精密机械等领域。随着机器人的普及应用，工业机器人技术也取得了较快发展。21世纪制造业已进入一个新的阶段，由面向市场生产转向面向顾客生产，敏捷制造企业（agile manufacturing enterprise）将是未来企业的主导模式，以机器人为核心的可重组的加工和装配系统，已成为工业机器人和敏捷制造业的重要发展方向。

我国机器人学研究起步较晚,但进步较快,主要分为四个阶段:20 世纪 70 年代为萌芽期,80 年代为开发期,90 年代为实用化期,90 年代后期我国机器人在电子、家电、汽车、轻工业等行业的安装数量逐年递增。特别是我国加入世界贸易组织(WTO)后国际竞争更加激烈,人民对商品高质量和多样化的要求普遍提高,生产过程的柔性自动化要求日益迫切,汽车行业的迅猛发展带动了机器人产业的空前繁荣,据不完全统计,2002 年机器人安装量达 400 台,相当于日本 20 世纪 80 年代初期的发展势头。

二、工业机器人的定义

机器人是什么?

在科技界,科学家会给每一个科技术语一个明确的定义,但是机器人问世已有几十年,机器人的定义仍是仁者见仁,没有统一的意见。原因就是机器人技术一直在高速发展的过程中,新的机型、新的功能不断涌现,其定义也不断地被修改。

国际标准化组织(ISO)对机器人的定义:机器人是一种自动的、位置可控的、具有编程能力的多功能操作机,这种操作机具有几个轴,能够借助可编程操作来处理各种材料、零件、工具和专用装置,执行各种任务。

日本工业机器人协会(JIRA)对机器人的定义:一种带有存储器件和末端操作器的通用机械,它通过自动化的动作代替人类劳动。

在我国 1989 年的国家标准草案中,工业机器人被定义为:一种能自动定位控制,可重复编程的、多功能的、多自由度的操作机。操作机被定义为:具有和人手臂相似的动作功能,可在空间抓取物体或进行其他操作的机械装置。

尽管各国的定义不同,但基本上指明了"机器人"所具有的共同点:

①机器人的动作机构具有类似人或其他生物的某些器官的功能,即仿生特征。

②是一种自动机械装置,可以在无人参与下(独立性),自动完成多种操作或动作功能,即自动特征。

③可以再编程,程序流程可变,对作业具有广泛适应性,即柔性特征。

④具有不同程度的智能性,如记忆、感知、推理、决策、学习,即智能特征。

三、机器人的分类

机器人分类的方法很多,这里按机器人的系统功能、驱动方式、机器人的结构形式、机器人的用途,以及机器人的控制方式进行分类。

1. 按系统功能分

1)专用机器人

这种机器人在固定地点以固定程序工作,无独立的控制系统,具有动作少、工作对象单一、结构简单、使用可靠和造价低的特点,如附属于加工中心机床的自动换刀机械手。

2)通用机器人

它是一种具有独立控制系统、动作灵活多样,通过改变控制程序能完成多作业的机器人。它的结构较复杂,工作范围大,定位精度高,通用性强,适用于不断变换生产类型的柔性制造系统。

3)示教再现式机器人

这种机器人具有记忆功能,可完成复杂动作,适用于多工位和经常变换工作路线的作业。相比一般通用机器人，它的先进性体现在编程方法上，能采用示教法进行编程，即由操作者通过手动控制，给机器人做一遍操作示范，完成全部动作过程以后，机器人存储装置便能记忆所有这些工作的顺序。此后，机器人便能再现操作者教给它的动作。

4）智能机器人

这种机器人具有视觉、听觉、触觉等各种感觉功能，能够通过比较识别做出决策，自动进行反馈补偿，完成预定的工作。它采用计算机控制，是一种有人工智能的工业机器人。

2．按驱动方式分

1）电气驱动机器人

它是由交、直流伺服电动机，直线电动机或功率步进电动机驱动的机器人。它不需要中间转换机构，故机械结构简单。近年来，机械制造业大部分采用这种电力驱动机器人。

2）气压驱动机器人

它是一种以压缩空气来驱动执行机构运动的机器人，具有动作迅速、结构简单、成本低的特点。但因空气具有可压缩性，往往会造成机器人工作速度稳定性差，加之气源压力较低，一般抓重不超过 30 kg，适合在高速、轻载、高温和粉尘大的环境中作业。

3）液压驱动机器人

这种机器人有很大的抓取能力，可抓取高达上百千克重的物体，液压传动平稳，动作灵敏，但对密封性要求高，不宜在高温或低温现场工作。

3．按结构形式分

1）直角坐标机器人

直角坐标机器人的主机架由三个相互正交的平移轴组成，通过手臂的上下左右移动和前后伸缩构成一个直角坐标系，具有结构简单、定位精度高的特点。其结构示意图如图 1-1 所示。

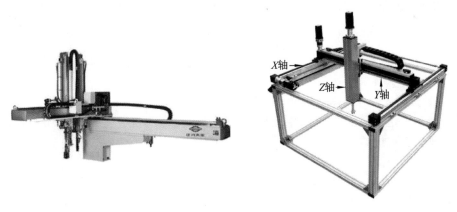

图 1-1　直角坐标机器人

2）圆柱坐标机器人

圆柱坐标机器人由立柱和一个安装在立柱上的水平臂组成。立柱安装在回转机座上，水平臂可以伸缩，它的滑鞍可沿立柱上下移动。因而，它具有一个旋转轴和两个平移轴，结构示意图如图 1-2 所示。

3）极坐标机器人

机器人手臂的运动由一个直线运动和两个转动组成，即手臂的伸缩运动和绕垂直轴线的回转运动（回转运动）、绕水平轴线的回转运动（俯仰运动）。通常把回转及俯仰运动归属于机身。该机器人占地面积小、结构紧凑、位置精度尚可,但避障性差、有平衡问题。极坐标机器人的结构示意图如图 1-3 所示。

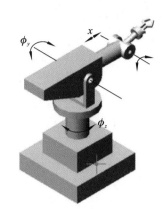

图 1-2　圆柱坐标机器人　　　　　　　　　　　图 1-3　极坐标机器人

图 1-4　关节机器人

4）关节机器人

关节机器人手臂的运动类似于人的手臂,由大小两臂的立柱等机构组成。大小臂之间用铰链连接形成肘关节,大臂和立柱连接形成肩关节,可实现三个方向旋转运动。它能够抓取靠近机座的物件,也能绕过机体和目标间的障碍物去抓取物件,具有较高的运动速度和极好的灵活性,是最通用的机器人。关节机器人的结构示意图如图 1-4 所示。

4. 按用途分

机器人按用途分可分为工业机器人和特种机器人。

1）工业机器人

工业机器人包括装配机器人、弧焊机器人、搬运机器人、点焊机器人、喷涂机器人和抛光机器人等。

2）特种机器人

特种机器人包括水下机器人、空间机器人、军用机器人、教学机器人、服务机器人、医用机器人和排险救灾机器人等。

5. 按控制方式分

工业机器人的控制方式主要有四种:点位控制方式、连续轨迹控制方式、力(力矩)控制方式和智能控制方式。相应地,按控制方式,工业机器人可分为点位控制机器人、连续轨迹机器人、力(力矩)控制机器人、智能控制机器人。

1）点位控制机器人

点位控制的特点是该方式只控制工业机器人末端执行器在作业空间中某些规定的离散点上的位姿。控制时只要求工业机器人快速、准确地实现相邻各点之间的运动,而对达到目标点的运动轨迹则不作任何规定。这种控制方式的主要技术指标是定位精度和运动所需的时间。由于点位控制方式具有易于实现、定位精度要求不高的特点,因而点位控制机器人常被应用在上下料、搬运、点焊和在电路板上安插元件等只要求目标点处保持末端执行器位姿准确的作业中。一般来说,这种机器人的控制方式比较简单,但是,要达到 2～3 μm 的定位精度却是相当困难的。

2）连续轨迹机器人

连续轨迹机器人连续地控制末端执行器在作业空间中的位姿，要求末端执行器严格按照预定的轨迹和速度在一定的精度范围内运动，而且速度可控，轨迹光滑，运动平稳，以完成作业任务。工业机器人各关节连续、同步地进行相应的运动，其末端执行器即可形成连续的轨迹。这种控制方式的主要技术指标是工业机器人末端执行器位姿的轨迹跟踪精度及平稳性，要求机器人末端执行器按照示教的轨迹和速度运动，如果偏离预定的轨迹和速度，就会使产品报废，其控制方式类似于控制原理中的跟踪系统。连续轨迹机器人多用于弧焊、喷漆、切割中。

3）力（力矩）控制机器人

机器人要完成装配、抓放物体等工作，除要准确定位之外，还要求使用适度的力或力矩进行工作。力（力矩）控制方式的控制原理与位置伺服控制原理基本相同，只不过输入量和反馈量不是位置信号，而是力（力矩）信号。因此，力（力矩）控制机器人系统中必须有力（力矩）传感器，有时也利用接近、滑动等传感器功能进行自适应控制。

4）智能控制机器人

机器人的智能控制是指通过传感器获得周围环境的知识，并根据自身内部的知识库作出相应的决策。智能控制机器人具有较强的环境适应性及自学习能力。智能控制技术的发展有赖于近年来人工神经网络、基因算法、遗传算法、专家系统等人工智能的迅速发展。

四、工业机器人的组成

工业机器人一般由控制系统、驱动系统、位置检测机构以及执行机构等几个部分组成。

1. 控制系统

控制系统是机器人的大脑，支配机器人按规定的程序运动，并记忆人们给予的指令信息（如动作顺序、运动轨迹、运动速度等），同时按其控制信息对执行机构发出执行指令。

2. 驱动系统

驱动系统是将控制系统发来的控制指令进行信息放大，驱动执行机构运动的传动装置。常用的有电气、液压、气压等驱动形式。

3. 位置检测机构

位置检测机构通过速度、位置、触觉、视觉等传感器检测机器人的运动位置和工作状态，并将检测信息随时反馈给控制系统，以便使执行机构以一定的精度达到设定的位置。

4. 执行机构

执行机构是一种具有和人手相似的动作功能，可在空间抓取物体或执行其他操作的机械装置，主要包括如下一些部件。

（1）手部：又称抓取机构或夹持器，用于直接抓取工件或工具。此外，在手部安装的某些专用工具，如焊枪、喷枪、电钻、螺钉螺帽拧紧器等，可视为专用的特殊手部。

（2）腕部：连接手部和手臂的部件，用以调整手部的姿态和方位。

（3）手臂：支承手腕和手部的部件，由动力关节和连杆组成，用以承受工件或工具载荷，改变工件或工具的空间位置，并将它们送至预定的位置。

（4）机座：包括立柱，是整个工业机器人的基础部件，起着支承和连接的作用。

五、机器人的主要技术参数

机器人主要的技术参数有以下七个。

1. 自由度

自由度是指描述物体运动所需要的独立坐标数。机器人的自由度表示机器人动作灵活的尺度，一般以轴的直线移动、摆动或旋转动作的数目来表示，手部的动作不包括在内。

机器人的自由度越多，就越能接近人手的动作机能，通用性就越好；但是自由度越多，结构越复杂，对机器人的整体要求就越高，这是机器人设计中的一个矛盾。工业机器人多为 4~6 个自由度，7 个以上的自由度是冗余自由度，是用来规避障碍物的。

2. 工作空间

机器人的工作空间是指机器人手臂或手部安装点所能达到的所有空间区域，不包括手部本身所能达到的区域。机器人所具有的自由度数目及其组合不同，则其运动图形不同；而自由度的变化量（即直线运动的距离和回转角度的大小）则决定着运动图形的大小。

3. 工作速度

工作速度是指机器人在工作载荷条件下、匀速运动过程中，机械接口中心或工具中心点在单位时间内所移动的距离或转动的角度。

确定机器人手臂的最大行程后，根据循环时间安排每个动作的时间，并确定各动作是同时进行还是顺序进行，就可确定各动作的运动速度。分配动作时间除考虑工艺动作要求外，还要考虑惯性和行程大小、驱动和控制方式、定位和精度要求。

为了提高生产效率，要求缩短整个运动循环时间。运动循环包括加速度启动、等速运行和减速制动三个过程。过大的加减速度会导致惯性力过大，影响动作的平稳性和精度。为了保证定位精度，加减速过程往往占用较长时间。

4. 工作载荷

工作载荷指机器人在规定的性能范围内，机械接口处能承受的最大负载量（包括手部），用质量、力矩、惯性矩来表示。

负载大小主要考虑机器人各运动轴上的受力和力矩，包括手部的重量、抓取工件的重量，以及由运动速度变化而产生的惯性力和惯性力矩。一般低速运行时，机器人负载能力大，为安全考虑，将在高速运行时所能抓取的工件重量作为机器人负载能力指标。

目前使用的工业机器人，其负载能力范围较大，最大可达 9 kN。

5. 控制方式

控制方式是指机器人控制轴的方式，是伺服还是非伺服，伺服控制方式是实现连续轨迹还是点到点的运动。

6. 驱动方式

驱动方式是指关节执行器的动力源形式。

7. 精度、重复精度和分辨率

精度：一个位置相对于其参照系的绝对度量，指机器人手部实际到达位置与所需要到达的理想位置之间的差距。

重复精度：在相同的运动位置命令下，机器人连续若干次运动轨迹之间的误差度量。如果机器人重复执行某位置给定指令，它每次走过的距离并不相同，而是在一平均值附近变化，而变化的幅度代表重复精度。

分辨率：指机器人每根轴能够实现的最小移动距离或最小转动角度。精度和分辨率不一定相关。一台设备的运动精度是指命令设定的运动位置与该设备执行此命令后能够达到的运动位置之间的差距，分辨率则反映了实际需要的运动位置和命令所能够设定的位置之间的差距。

工业机器人的精度、重复精度和分辨率要求是根据其使用要求确定的。机器人本身所能达到的精度取决于机器人结构的刚度、运动速度控制和驱动方式、定位和缓冲等因素。由于机器人有转动关节，不同回转半径时其直线分辨率是变化的，因此机器人的精度难以确定。由于精度一般难测定，通常工业机器人只给出重复精度。

任务二　工业机器人职业技能平台的组成和功能

任务目标

◆ 认识工业机器人职业技能平台中的各个组成部分；
◆ 了解工业机器人职业技能平台各组成部分的作用；
◆ 理解整个平台中各个组成部分间的控制关系。

知识目标

◆ 掌握工业机器人职业技能平台的组成；
◆ 了解工业机器人职业技能平台软件构成；
◆ 了解工业机器人职业技能平台的可开展的实训项目。

能力目标

◆ 能够识别工业机器人职业技能平台的各个组成部分；
◆ 能够说出工业机器人职业技能平台各个组成部分所起的作用。

任务描述

本任务将以工业机器人职业技能平台为例，介绍工业机器人职业技能平台的组成和功能，以及各个组成部分间的控制关系及平台可开展的实训项目。

知识准备

一、平台介绍

工业机器人职业技能平台(以武汉华中数控股份有限公司的平台为例)依托《工业机器人操作调整工》职业技能标准而设计，包含任务模式一和任务模式二。以工业机器人多功能实训台为原型，添加了适合于院校教学的视觉系统、立体仓库等模块，该平台已经过大量实际检验，技术成熟、稳定可靠。该平台主要由六轴工业机器人、自动上料模块、视觉检测模块、模拟焊接模块、码垛模块、立体仓库模块、总控系统模块等组成。该平台融合了工业机器人夹具的安装调试、智能视觉系统的调试与应用、工业机器人编程与调试、总控单元运行与应用等工作流程。

平台示意图如图 1-5 所示。外形整体尺寸为 1850 mm×1300 mm×1700 mm(含机器人)，采用工作台设计方式，底部配有福马轮，便于移动与固定。

二、平台组成

1. 六轴工业机器人

该平台使用的是华数机器人(见图 1-6)，型号为 HSR-JR605，包括机器人本体、示教器、

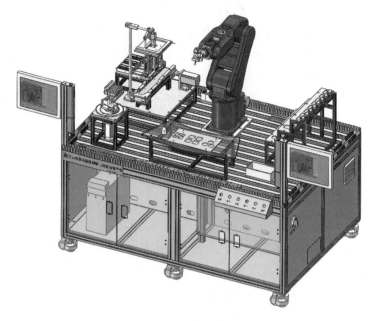

图 1-5　平台示意图

机器人电控柜以及末端工具装置。其中,工业机器人的最大载荷为 5 kg,臂展为 746 mm。华数机器人第六轴安装有专用末端工具,包括吸盘、喷嘴、激光笔等,用于物料的搬运和物品的加工等。

　　HSR-JR605 型工业机器人具有广泛的通用性、良好的灵活性,大量应用于 3C、电子等行业,同时,较小的工作半径和额定载荷可在保证实现功能效果的前提下,确保教学和操作人员的安全,防止发生意外。

　　2. 功能模块

　　1) 自动上料模块

　　该模块由料仓、气缸、传送带、视觉系统、定位台组成,如图 1-7 所示。自动上料机可以上三种形状(圆形、矩形、方形)的物料,每种物料又分两种颜色(蓝色、红色),通过视觉系统识别物料的形状与颜色来进行物料分类。传送带通过调速电动机控制,配有两个传感器,分别用于视觉检测位和工件最终停止位识别。

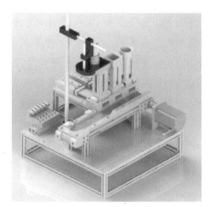

图 1-6　六轴工业机器人　　　　　　　　　图 1-7　自动上料模块

2）模拟焊接模块

该模块主要由一个焊接台构成,该焊接模块带第七轴变位机,如图 1-8 所示。待焊接的工件放置于可旋转的焊接台上,便于机器人对工件进行焊接。

焊接程序由离线仿真软件自动生成。因此,首先需要对要焊接的工件进行虚拟仿真,仿真后,将程序导入示教器,然后模拟真实的焊接操作。

3）立体仓库模块

该仓库分为三层,共 16 个仓位,分别存储不同形状和颜色的物料。每个仓位带有传感器装置,判定仓位是否有料,并把仓位信息传递给总控 PLC。每层左边的仓位放置蓝色物料,右边的仓位放置红色物料。立体仓库示意图如图 1-9 所示。

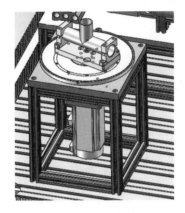

图 1-8　模拟焊接模块

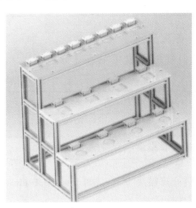

图 1-9　立体仓库

4）码垛工作台

该工作台是指由一块弧形面板加四个脚组合成的弧形台面,在弧形平台上有可更换的码垛模块＋平面、曲面轨迹模块,模块可拆可换,同时模块配有标定工具,实现坐标系标定功能。码垛工作台示意图如图 1-10 所示。

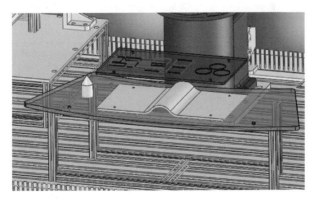

图 1-10　码垛工作台

三、主要参数

1. 设备技术要求

设备整体技术要求如表 1-1 所示。

表 1-1 设备整体技术要求

序　号	项　目	参　数
1	电源规格	AC220 V/50 Hz/4 kW
2	气源规格	进气管 $\phi6$ mm；0.5～0.8 MPa
3	环境温度	-5～+45 ℃
4	相对湿度	≤96%
5	系统整体规格	场地尺寸(长×宽)：4000 mm×3000 mm
6	耗气量	65 L/min
7	尺寸(长×宽×高)	1850 mm×1300 mm×1700 mm

2. 设备配置清单

设备主要配置清单如表 1-2 所示。

表 1-2 设备配置

序号	名称	型号规格参数	数量	备注
1	工业机器人模块	HSR-JR605	1套	配套机器人附加轴
2	自动上料模块	550 mm×300 mm×400 mm	1套	料仓＋流水线＋固定台＋顶出机构
3	立体仓库模块	500 mm×320 mm×310 mm	1套	3种物料存储，16个定位存储，每个仓库单元有传感器装置检测是否有料
4	模拟焊接模块	120 mm×120 mm×150 mm	1套	
5	视觉检测模块	分辨率为800 像素×600 像素,具有图像识别与定位、轮廓识别与定位、图像过滤、图案匹配等功能	1套	具备 Modbus 通信协议
6	物料码垛模块	500 mm×300 mm×100 mm	1套	
7	码垛物料	形状有长方形、正方形、圆形	24 个	每种各8个、每种分两种颜色
8	硬件平台	1200 mm×1800 mm	1套	铝型材桌
9	计算机	lenovo 电脑	1套	
10	安全光栅	响应时间为 15 ms，发射距离为 2.5 m	2套	
11	耗材及附件	开关、按钮、继电器、电磁阀、气管、线缆等	1套	
12	离线编程软件	InteRobot	1套	
13	总控软件	HNC	1套	

四、公共平台内部区域划分

公共平台内部区域划分如图 1-11 所示。

五、平台功能

在工业机器人职业技能平台上可以完成工业机器人夹具安装与调整、机器人编程与调试、视觉系统调试、控制系统调试、总控系统调试等任务，满足不同行业针对工业机器人的操作和编程的教学需求，平台完全来源于工业应用现场，更适合于作为工业机器人职业技能考

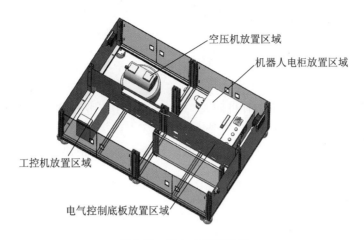

图 1-11　平台内部区域图

核平台。同时也充分考虑了院校的实际教学情况,以工业为基础设计适合于教学的内容,可以满足日常教学实训。

六、平台网络架构图

整个平台上视觉系统与总控 PLC 和工业机器人通过网络连接来实现数据的交换,总控 PLC 与工业机器人之间通过硬 IO 线路方式连接,实现总控 PLC 与工业机器人数据的交换,整个平台网络架构如图 1-12 所示。

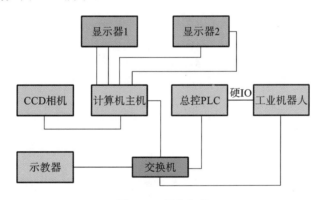

图 1-12　网络架构

七、平台可开展的实训项目

平台可开展的实训项目如下:

(1) 工业机器人夹具安装与调试;

(2) 工业机器人基本操作;

(3) 工业机器人 TCP(tool centre position)标定与基坐标系标定;

(4) 工业机器人基本指令操作与位置点设置;

(5) 工业机器人示教编程与调试;

(6) 工业机器人离线编程与调试;

(7) 工业机器人码垛实训综合应用;

(8) 工业机器人搬运实训综合应用;

(9) 工业机器人模拟焊接实训综合应用;

（10）智能视觉系统的调试与应用；

（11）总控单元运行与应用；

（12）综合联调与应用。

项目实训

（1）在机器人实训室，认识各种机器人，了解不同类型工业机器人的使用方法、特点、作用、区别等，对机器人形成初步认识。

（2）结合工业机器人职业技能平台认识平台各个部件，指出平台的组成及各部分的功能。

思考与练习题

（1）机器人的分类有哪些？

（2）机器人由哪些部分组成？

（3）工业机器人技术参数有哪些？

（4）简述工业机器人职业技能平台的组成。

（5）简述工业机器人职业技能平台的功能。

（6）简述工业机器人职业技能平台可开展的项目。

项目二 工业机器人操作与编程

任务一 工业机器人操作及相关设置

任务目标

◆ 了解工业机器人的工作原理、系统组成及基本功能；

◆ 掌握工业机器人的控制方式及手动操作步骤；

◆ 掌握工业机器人软限位及零点设置方法；

◆ 掌握华数Ⅱ型机器人相关配置设置方法。

知识目标

◆ 掌握工业机器人的结构；

◆ 掌握工业机器人坐标系的设定方法；

◆ 熟悉示教器的操作界面及基本功能。

能力目标

◆ 会启动工业机器人；

◆ 能完成工业机器人的基本操作；

◆ 能够建立合适的工具坐标系和基坐标系；

◆ 会操作示教器控制工业机器人回到参考点。

任务描述

本任务将以 HSR-JR605 工业机器人为例，介绍工业机器人的工作原理、系统组成及基本功能，使大家掌握工业机器人的控制方式和手动操作方法，为下一步编程操作工业机器人做好准备。

知识准备

一、华数Ⅱ型机器人组成及系统连接

华数Ⅱ型机器人主要包括三大组成部分：机器人本体、机器人电气控制柜、机器人示教器。机器人电气控制柜中安装有控制器，控制机器人的伺服驱动器、输入输出设备等主要执行设备；机器人示教器一般通过电缆连接到机器人电气控制柜上，作为上位机通过以太网与控制器进行通信，如图 2-1 所示。

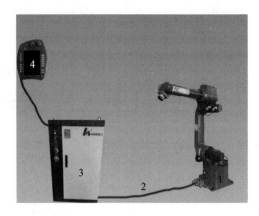

图 2-1　HSpad 示教器和华数机器人连接图

1-机械手　2-连接电缆　3-电气控制柜　4-HSpad 示教器

二、HSpad 示教器

华数 HSpad 示教器是用于华数工业机器人的手持编程器，具有使用华数工业机器人所需的各种操作和显示功能。华数 HSpad 示教器常以"HSpad"简称。如图 2-2 所示为 HSpad 示教器的正面，图中所示各按键功能说明如表 2-1 所示。

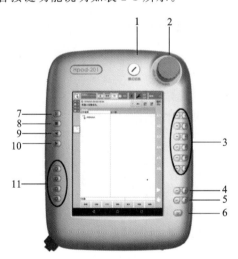

图 2-2　HSpad 示教器正面示意图

表 2-1　HSpad 示教器正面按键功能

序号	功　能
1	用于调出连接控制器的钥匙开关。只有插入了钥匙后，状态才可以被转换。可以通过连接控制器切换运行模式
2	紧急停止按键。用于在危险情况下使机器人停机
3	点动运行键。用于手动移动机器人
4	程序调节量按键。可自动运行倍率修调

序号	功　　能
5	手动调节量按键。可手动运行倍率修调
6	菜单按钮。可进行菜单和文件导航器之间的切换
7	暂停按钮。暂停正运行的程序
8	停止键。用停止键可停止正运行的程序
9	预留
10	开始运行键。在加载程序成功时,点击该按键后程序开始运行
11	辅助按键

如图 2-3 所示为 HSpad 示教器背面,图中各按键功能说明如表 2-2 所示。

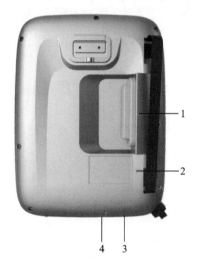

图 2-3　HSpad 背部

表 2-2　HSpad 示教器背面按键功能

序号	功　　能
1	三段式安全开关有 3 个位置:安全开关未按下,中间位置,完全按下。在手动 T1 或手动 T2 运行方式中,开关必须保持在中间位置,方可使机器人运动;在采用自动运行模式时,安全开关不起作用
2	HSpad 标签型号粘贴处
3	调试接口
4	U 盘 USB 插口 USB 接口被用于存档/还原等操作

三、工业机器人坐标系

在工业机器人控制系统中定义了下列坐标系(见图 2-4):轴坐标系(未示出)、机器人默认坐标系、世界坐标系、基坐标系和工具坐标系。

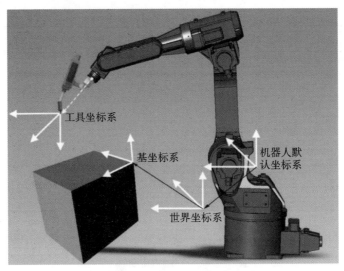

图 2-4　机器人坐标系

1. 轴坐标系

轴坐标系为机器人单个轴的运行坐标系,可针对单个轴进行操作。

2. 机器人默认坐标系

机器人默认坐标系是一个笛卡尔坐标系,固定位于机器人底部。它可以参照世界坐标系说明机器人的位置。

3. 世界坐标系

世界坐标系是一个固定的笛卡尔坐标系,是机器人默认坐标系和基坐标系的原点坐标系。在默认配置中,世界坐标系与机器人默认坐标系是一致的。

4. 基坐标系

基坐标系是一个笛卡尔坐标系,用来说明工件的位置。

默认配置中,基坐标系与机器人默认坐标系是一致的。修改基坐标系后,机器人即按照设置的坐标系运动。

5. 工具坐标系

工具坐标系是一个笛卡尔坐标系,位于工具的工作点中。

在默认配置中,工具坐标系的原点在法兰中心点上,工具坐标系由用户移入工具的工作点。

四、姿态

机器人坐标系的姿态角:HSpad 使用姿态角来描述工具点的姿态。姿态角示意如图 2-5 所示,各转角的说明如表 2-3 所示。

表 2-3　姿态角说明

转　角	含　义
A(Y)	yaw 偏航角
B(P)	pitch 俯仰角
C(R)	roll 滚转角

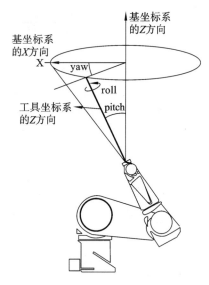

图 2-5　姿态角示意

五、HSpad 的操作

1. HSpad 操作界面

HSpad 操作界面如图 2-6 所示,操作界面中各区域的功能说明如表 2-4 所示。

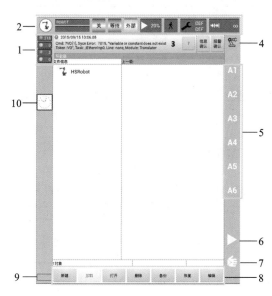

图 2-6　HSpad 操作界面

表 2-4　HSpad 操作界面说明

序号	说　　　明
1	信息提示计数器 信息提示计数器显示每种信息类型各有多少条信息等待处理。触摸信息提示计数器可放大显示

序号	说　明
2	状态栏
3	信息窗口 默认设置为只显示最后一个信息提示。触摸信息窗口可显示信息列表。列表中会显示所有待处理的信息； 可以被确认的信息可用"信息确认"键确认； "信息确认"键确认所有除错误信息以外的信息； "报警确认"键确认所有错误信息； "?"按键可显示当前信息的详细信息
4	坐标系状态 触摸该图标就可以显示所有坐标系,并可进行坐标系选择
5	点动运行指示 如果选择与轴相关的运行,这里将显示轴号(A1、A2 等),如果选择笛卡尔式运行,这里将显示坐标系的方向(X、Y、Z、A、B、C)； 触摸图标会显示运动系统组选择窗口,选择运动系统组后,将显示为相应组所对应的名称
6	自动倍率修调图标
7	手动倍率修调图标
8	操作菜单栏 用于程序文件的相关操作
9	网络状态 红色为网络连接错误,检查网络线路问题； 黄色为网络连接成功,但初始化控制器未完成,无法控制机器人运动； 绿色为网络初始化成功,HSpad 正常连接控制器,可控制机器人运动
10	时钟 时钟可显示系统时间,点击时钟图标就会以数码形式显示系统时间和当前系统的运行时间

2. 状态栏信息

状态栏显示工业机器人设置的状态。多数情况下点击图标就会打开一个窗口,可在打开的窗口中更改设置。状态栏界面如图 2-7 所示,状态栏各标签项的说明如表 2-5 所示。

图 2-7　HSpad 状态栏

表 2-5　HSpad 状态栏说明

标签项	说　　明
1	菜单键 功能同菜单按键功能
2	机器人名 显示当前机器人的名称
3	加载程序名称 在加载程序之后,会显示当前加载的程序名
4	使能状态 绿色并且显示"开",表示当前使能打开 红色并且显示"关",表示当前使能关闭 点击可打开使能设置窗口,在自动模式下点击"开/关"可设置使能开关状态。窗口中可显示安全开关的按下状态
5	程序运行状态 自动运行时,显示当前程序的运行状态
6	模式状态显示 模式可以通过钥匙开关设置,模式可设置为手动模式、自动模式、外部模式
7	倍率修调显示 切换模式时会显示当前模式的倍率修调值 触摸会打开设置窗口,可通过加/减键以 1% 的单位进行加减设置,也可通过滑块左右拖动设置
8	程序运行方式状态 在自动运行模式下只能连续运行,手动 T1 和手动 T2 模式下可设置为单步或连续运行 触摸会打开运行方式设置窗口,在手动 T1 和手动 T2 模式下可点击"连续/单步"按钮进行运行方式切换
9	激活基坐标/工具显示 触摸会打开窗口,点击"工具"和"基坐标"选择相应的工具和基坐标进行设置
10	增量模式显示 在手动 T1 或者手动 T2 模式下触摸可打开窗口,点击相应的选项设置增量模式

3．基本操作

1）主菜单调用

点击主菜单图标或按键,主菜单窗口打开。再次点击主菜单图标或按键,关闭主菜单。主菜单界面如图 2-8 所示。

2）切换运行方式

切换运行方式条件:

①机器人控制器未加载任何程序;

②有连接示教器钥匙开关的钥匙。

注意:在程序已加载或者运行期间,运行方式不可更改。

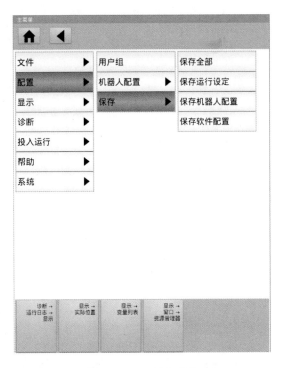

图 2-8　HSpad 主菜单

触摸图 2-7 中的程序运行状态显示区,弹出运行方式界面如图 2-9 所示,图中各方式的说明如表 2-6 所示。

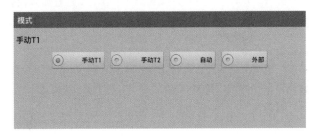

图 2-9　运行方式

表 2-6　运行方式说明

运行方式	应　用	速　度
手动 T1	用于低速测试运行、编程和示教	编程示教: 编程速度最高为 125 mm/s 手动运行: 手动运行速度最高为 125 mm/s
手动 T2	用于高速测试运行、编程和示教	编程示教: 编程速度最高为 250 mm/s 手动运行: 手动运行速度最高为 250 mm/s

运行方式	应　　用	速　　度
自动模式	用于不带外部控制系统的工业机器人	程序运行速度： 程序设置的编程速度 手动运行： 禁止手动运行
外部模式	用于带有外部控制系统的工业机器人	程序运行速度： 程序设置的编程速度 手动运行： 禁止手动运行

3）手动运行机器人

（1）手动运行机器人的运行模式。

手动运行机器人的运行模式分为两种：笛卡尔式运行和与轴相关的运行。

笛卡尔式运行是指工具中心点沿着一个坐标系的正向或反向运行。

与轴相关的运行是指每个轴均可以独立地正向或反向运行，机器人轴运行方向如图2-10所示。

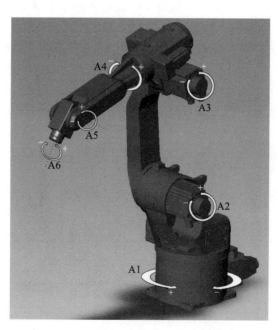

图 2-10　机器人轴运行方向

（2）手动倍率修调。

手动倍率是手动运行时机器人的速度。它以百分数表示，以机器人在手动运行时的最大速度为基准。手动 T1 的最大速度为 125 mm/s，手动 T2 的最大速度为 250 mm/s。如图

2-11 所示为倍率修调界面。

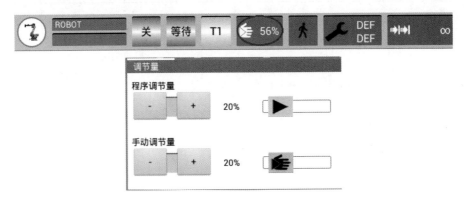

图 2-11　倍率修调界面

触摸倍率修调状态图标,打开倍率调节量窗口,可通过正/负键或调节器来设定手动倍率。正/负键:可以以 100％、75％、50％、30％、10％、3％、1％为步距进行设定。调节器:倍率可以以 1％为步距进行更改。

重新触摸如图 2-11 椭圆圈中的状态显示手动模式下的倍率修调(或触摸窗口外的区域),窗口关闭并应用所设定的倍率。

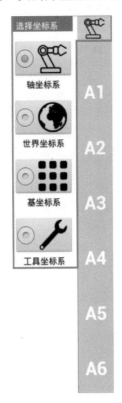

图 2-12　坐标模式选择界面

(3)机器人运动坐标模式。

当机器人运行方式为手动 T1 或手动 T2 时,可通过如图 2-12 所示界面选择坐标模式进行手动操作。

选择运行键的坐标系统为轴坐标系。运行键旁边会显示 A1～A6。按住安全开关,此时使能处于打开状态。按下正或负运行键,可使机器人轴朝正或反方向运动。

选择运行键的坐标系统为:世界坐标系、基坐标系或工具坐标系。运行键旁边会显示以下名称:X、Y、Z,用于使机器人沿选定坐标系的轴进行直线运动;A、B、C,用于使机器人沿选定坐标系的轴进行旋转运动。按住安全开关,此时使能处于打开状态。按下正或负运行键,可使机器人朝正或反方向运动。

(4)增量式手动模式。

增量式手动模式可以使机器人移动所定义的距离,如 10 mm 或 3°。以 mm 为单位的增量:适用于在 X、Y 或 Z 方向的笛卡尔运动;以度为单位的增量:适用于在 A、B 或 C 方向的笛卡尔运动。增量式手动模式适用于与轴相关的运动。

应用范围:

①以同等间距进行点的定位;

②从一个位置移出所定义的距离;

③使用测量表调整。

增量式手动模式界面如图 2-13 所示,运行方式说明如表 2-7 所示。

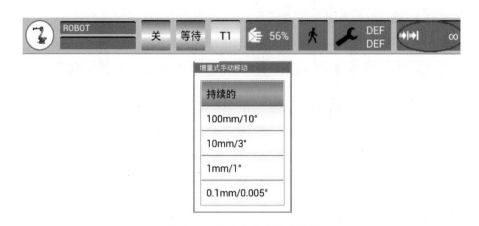

图 2-13　增量式手动模式界面

表 2-7　运行方式说明

设　置	说　　明
持续的	已关闭增量式手动移动
100 mm/10°	1 增量＝100 mm 或 10°
10 mm/3°	1 增量＝10 mm 或 3°
1 mm/1°	1 增量＝1 mm 或 1°
0.1 mm/0.005°	1 增量＝0.1 mm 或 0.005°

点击增量状态图标,打开"增量式手动移动"窗口,选择增量移动方式。用运行键运行机器人。可以采用笛卡尔运行模式或与轴相关的运行模式运行。如果已达到设定的增量,则机器人停止运行。

（5）手动运行附加轴。

机器人运行模式为手动 T1 或者手动 T2 模式时,可选择附加轴运动模式来控制附加轴的运动,如图 2-14 所示。

点击任意运行键图标,打开"选择轴"窗口,选择所希望的运动系统组,各运动系统组的功能如表 2-8 所示,不同的设备,配置了不同的运动系统组。

图 2-14　附加轴选择界面

表 2-8　运动系统及其说明

运动系统组	说　　明
机器人轴	用运行键可运行机器人轴,附加轴则无法运行
附加轴	使用运行键可以运行所有已配置的附加轴,如附加轴 E1,…,E5,依次对应手动运行按键

六、HSpad 显示功能

1. 显示数字输入/输出端

选择菜单栏的"显示"→"输入/输出端"→"数字输入/输出端",弹出"数字输入/输出端"界面,此界面可以查看数字量 IO 的输入输出状态。IO 号表示当前 IO 的点号。华数机器人使用 HCNC 的 IO 时,输入输出板卡都是 8 个点。IO 点号顺序按照板卡排列的顺序依次往后排。数字输入/输出端的界面如图 2-15 所示,界面各项说明如表 2-9 所示。

(a)输入端

(b)输出端

图 2-15　数字输入/输出端界面

表 2-9　数字输入/输出端界面说明

编号	说　　明
1	数字输入/输出序列号

编号	说　明
2	数字输入/输出 IO 号
3	输入/输出端值。如果一个输入或输出端为 TRUE,则被标记为红色。点击"值"可切换值为 TRUE 或 FALSE
4	表示该数字输入/输出端为真实 IO 或者虚拟 IO,真实 IO 显示为 REAL,虚拟 IO 显示为 VIRTUAL
5	给该数字输入/输出端添加说明

按键	说　明
100	在显示中切换到之后的 100 个输入或输出端
切换	可在虚拟和实际输入/输出之间切换
值	可将选中的 IO 置为 TRUE 或者 FALSE
说明	给选中行的数字输入/输出添加解释说明,选中后点击可更改
保存	保存 IO 说明

2. 显示模拟输入/输出端

弹出"模拟输入/输出端"界面选择菜单栏的"显示"→"输入/输出端"→"模拟信号输入/输出端",可以查看模拟信号的输入输出状态。模拟输入/输出端的界面如图 2-16 所示,界面各项说明如表 2-10 所示。

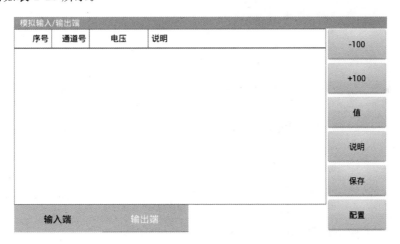

图 2-16　模拟输入/输出端界面

表 2-10　模拟输入/输出端界面说明

按键	说　明
−100	在显示中切换到之前的 100 个输入或输出端
100	在显示中切换到之后的 100 个输入或输出端
值	可设置选中的输出模拟量设置的电压值
说明	给选中行的模拟信号输入/输出添加解释说明,选中后点击可更改
保存	保存模拟量说明
配置	配置模拟量的修正值

3．显示外部自动运行输入/输出端

选择菜单栏的"显示"→"输入/输出端"→"外部自动运行输入/输出端"，弹出"外部自动输入/输出端"界面，如图 2-17 所示。在该界面中可以查看外部自动运行的输入输出状态。

序号	状态	说明	类型	名称	值
0	○	开始运行程序	VAR	iPRG_START	0
1	○	暂停运行程序	VAR	iPRG_PAUSE	0
2	○	恢复运行程序	VAR	iPRG_RESUME	0
3	○	停止运行程序	VAR	iPRG_KILL	0
4	○	加载程序	VAR	iPRG_LOAD	0
5	○	取消加载程序	VAR	iPRG_UNLOAD	0
6	○	使能	VAR	iENABLE	0
7	○	关闭使能	VAR	iDISABLE	
8	○	清除驱动错误	VAR	iCLEAR_DRV_FA.	0
9	○	查看任务号	VAR	iTASK_ID	0

输入端　　输出端

(a)输入端

序号	状态	说明	类型	名称	值
0	○	机器人初始化完毕	VAR	oROBOT_READY	0
1	○	驱动器报警	VAR	oDRV_FAULTS	0
2	○	系统使能状态	VAR	oENABLE_STATE	0
3	●	用户程序未加载	VAR	oPRG_UNLOAD	1
4	○	用户程序已加载	VAR	oPRG_READY	0
5	○	用户程序正在运行	VAR	oPRG_RUNNING	0
6	○	用户程序出错	VAR	oPRG_ERR	0
7	○	用户程序暂停	VAR	oPRG_PAUSE	0
8	○	用户程序中止	VAR	oPRG_TERMINA.	0
9	○	用户程序异常	VAR	oPRG_INCORRE.	0
10	○	用户程序停止	VAR	oPRG_KILLED	0

输入端　　输出端

(b)输出端

图 2-17　外部自动运行输入/输出端界面

4. 显示实际位置

显示实际位置功能,可以显示机器人当前各个轴的角度或笛卡尔坐标系的数据,若显示笛卡尔实际坐标,则显示 TCP 的当前位置(X、Y、Z)和方向(A、B、C)。若显示与轴相关的实际位置,则将显示轴 $A1$ 至 $A6$ 的当前位置。如果有附加轴,也显示附加轴的位置。

在机器人运行过程中,会实时更新每个轴的实际位置。如图 2-18 显示的为笛卡尔实际坐标,图 2-19 显示的为与轴相关的实际位置。

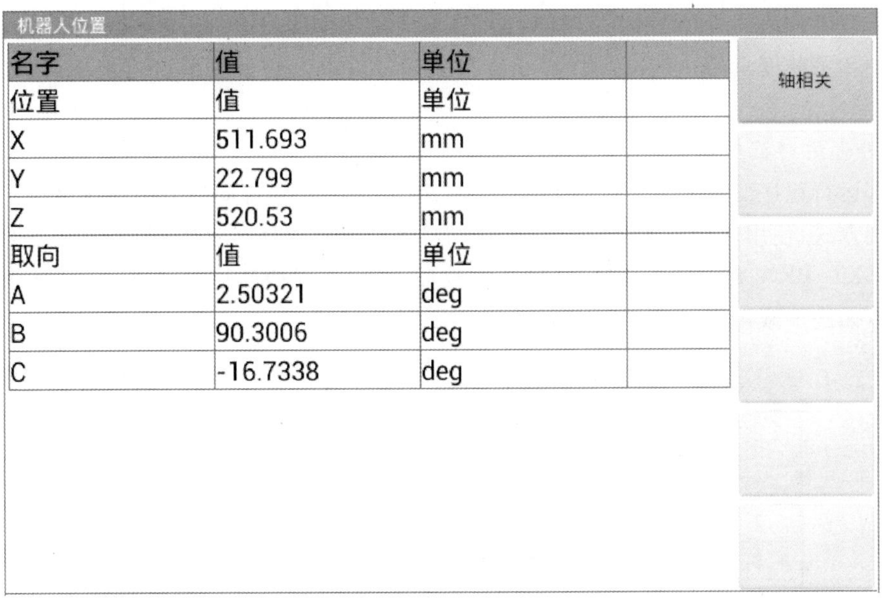

机器人位置			
名字	值	单位	轴相关
位置	值	单位	
X	511.693	mm	
Y	22.799	mm	
Z	520.53	mm	
取向	值	单位	
A	2.50321	deg	
B	90.3006	deg	
C	-16.7338	deg	

图 2-18　笛卡尔实际坐标

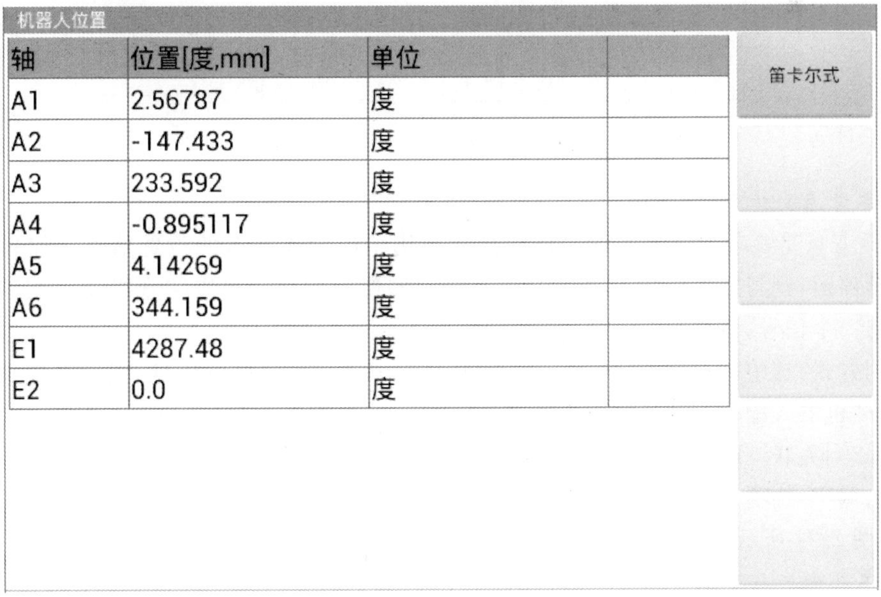

机器人位置			
轴	位置[度,mm]	单位	笛卡尔式
A1	2.56787	度	
A2	-147.433	度	
A3	233.592	度	
A4	-0.895117	度	
A5	4.14269	度	
A6	344.159	度	
E1	4287.48	度	
E2	0.0	度	

图 2-19　与轴相关的实际位置

七、变量列表

变量列表显示相关变量的名称、值等信息。通过右边的功能按钮可以实现增加、删除、修改、刷新、保存等功能,所有的操作必须点击"保存"按钮后才能保存。

在示教器上点击"显示"→"变量列表",即可进入变量列表选项。变量列表包含了外部运行程序变量 EXT_PRG、参考点坐标变量 REF、工具坐标系变量 TOOL、工件坐标系变量 BASE 等。

点击变量列表界面下方的选项栏,如 EXT_PRG、REF、LR、JR 等,可选择不同变量列表。选中相关的变量后,点击右侧的"修改"按钮,可以对该变量的值进行修改,修改后注意保存。

1. 外部运行程序变量 EXT_PRG

外部运行程序变量 EXT_PRG 用于显示、修改、保存外部自动加载的程序名称。

使用方式:使用外部模式时,需指定加载的程序,如需加载名字为 CCC.PRG 的程序,则需要在 EXT_PRG[1]处填入 CCC.PRG,且只能在 EXT_PRG[1]处填写,在其他变量处填写会导致无法加载该程序,EXT_PRG 变量如图 2-20 所示。

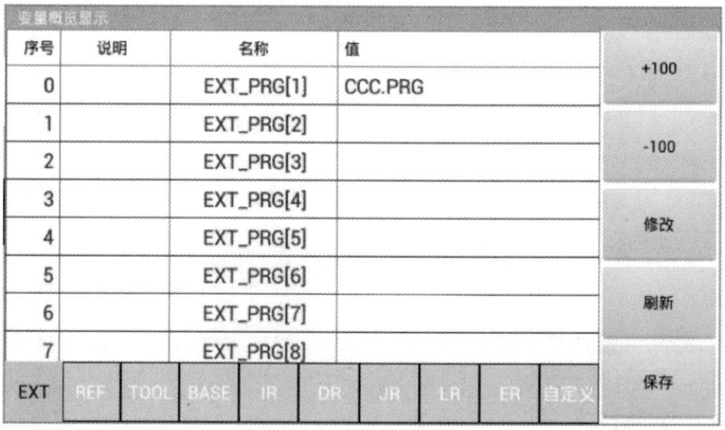

序号	说明	名称	值	
0		EXT_PRG[1]	CCC.PRG	+100
1		EXT_PRG[2]		
2		EXT_PRG[3]		-100
3		EXT_PRG[4]		
4		EXT_PRG[5]		修改
5		EXT_PRG[6]		
6		EXT_PRG[7]		刷新
7		EXT_PRG[8]		
EXT	REF TOOL BASE IR DR JR LR ER 自定义			保存

图 2-20　EXT_PRG 变量

2. 参考点坐标变量 REF

REF 变量是参考点位置变量。该变量主要用于记录参考点的位置信息。如果机器人在该位置停留,则与之关联的 IO 点输出一个信号,使用该功能可以实现机器人在到达一个点后输出一个信号,该变量有 8 个,可以记录 8 个不同的位置。

使用方式:选中需要的 REF[X],点击"修改",记录相关的位置信息,然后在主菜单栏→"配置"→"机器人配置"→"外部信号配置"菜单中,配置相关的输出 IO 点。如将 REF[1]和 D_OUT[25]关联。REF 变量如图 2-21 所示。

点击 REF 选项,显示 REF 变量,点击修改按钮可以以手动或者记录位置的方式来获得点位,如图 2-22 所示。

3. 工具坐标系变量 TOOL_FRAME

TOOL 变量是工具坐标系变量,用于保存工具坐标系的信息,有 16 个,即可以保存 16 个工具坐标系的信息。工具坐标系标定成功后,点击"刷新"按钮就可在该列表看到标定后的信息,工具坐标系标定完成后,需要点击"保存",否则可能出现标定后的工具坐标系丢失

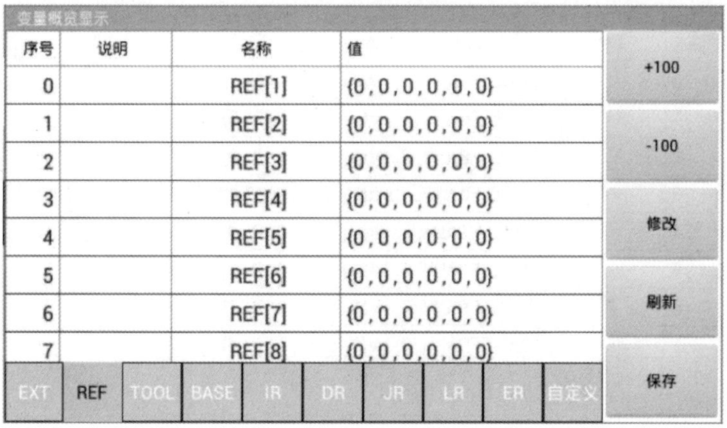

图 2-21　REF 变量

图 2-22　修改 REF 值

的现象。TOOL_FRAME 变量如图 2-23 所示。

　　点击 TOOL_FRAME 选项,显示 TOOL_FRAME 变量,选中某一个具体变量后,通过点击"修改"按钮来改变工具坐标,如图 2-24 所示。

　　4. 基坐标变量 BASE_FRAME

　　BASE 变量是基坐标系变量,用于保存基坐标系的信息,有 16 个。基坐标系标定成功后,在该列表中,点击"刷新"按钮就可看到标定后的信息,基坐标系标定完成后,需要点击"保存",否则可能出现标定后的基坐标系丢失的现象。BASE_FRAME 变量如图 2-25 所示。

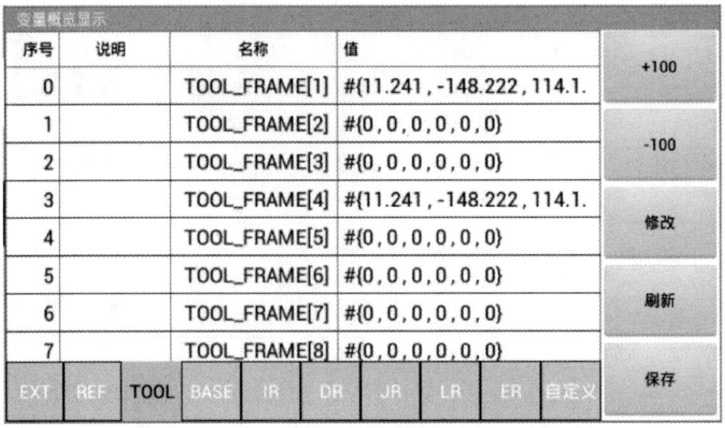

图 2-23　TOOL_FRAME 变量

图 2-24　修改 TOOL_FRAME 值

5. 整型数值寄存器 IR

IR 是 32 位的整型数据寄存器,如图 2-26(a)所示,保存整型数据后,可以在程序中对 IR 寄存器赋值,使用指令"IR[X]＝xxx"即可,也可以选中对应的 IR 寄存器,然后点击"修改"按钮,在"值"选项中填入相关数值,最后点击"确定"按钮,如图 2-26(b)所示。

注意:所有的寄存器信息,如果不点击"保存"按钮,都不会保存,即断电后相关信息会丢失。如果需要在程序运行后保存相关的 IR 寄存器信息,可以使用下面这条指令:call savereg("IR")。该指令可用于保存 IR 寄存器的信息。

6. 数值寄存器 DR

DR 是双精度寄存器,DR 数值寄存器如图 2-27 所示,能记录实数信息,可以在程序中对

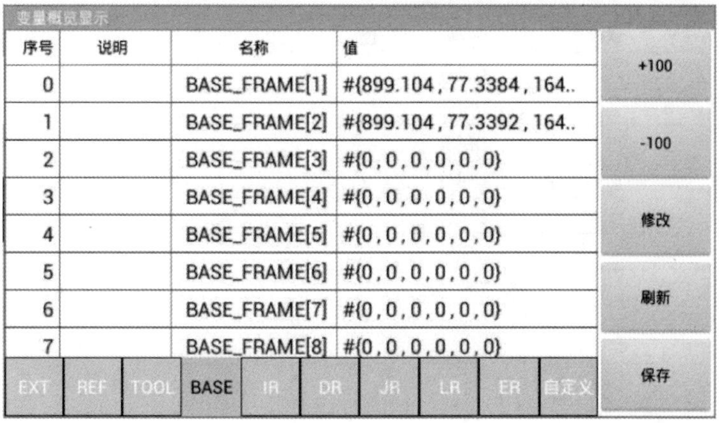

图 2-25　BASE_FRAME 变量

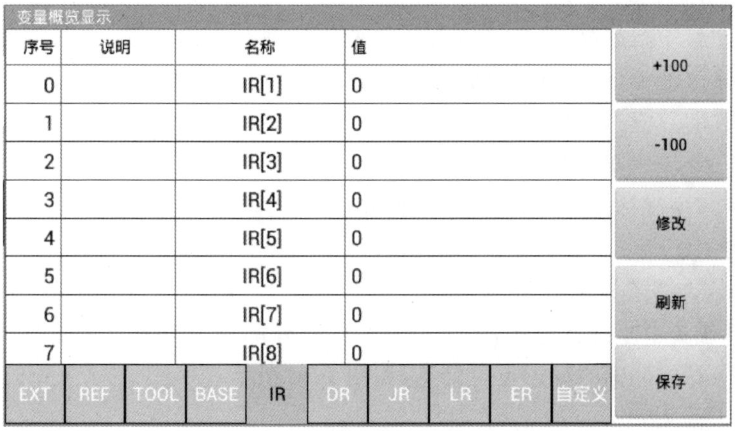

(a)IR变量

(b)修改IR变量

图 2-26　IR 变量

DR 寄存器赋值，使用指令"DR[X]＝xxx.xxx"即可。

注意：所有的寄存器信息，如果不点击"保存"按钮，都不会保存，即断电后相关信息会丢失。如果需要在程序运行后保存相关的 DR 寄存器信息，可以使用下面这条指令：call saverreg("DR")。该指令可用于保存 DR 寄存器的信息。

7. 关节坐标寄存器 JR

JR 关节坐标寄存器可以保存各个关节的坐标信息，如图 2-28(a)所示。在示教编程中，

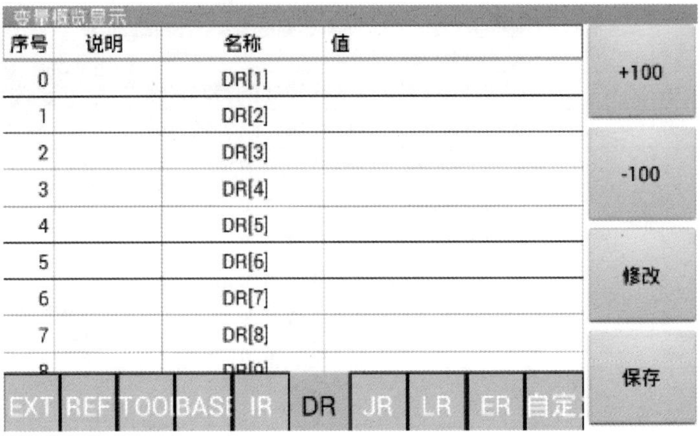

图 2-27　DR 数值寄存器

可以使用 JR 寄存器记录过渡点位的相关信息,点击"获取坐标"即可获取机器人各个关节的坐标信息,点击"移动到点"即可把机器人各关节移动到对应的位置,如图 2-28(b)所示。也可以通过手动修改轴 1 至轴 6 后面的数值,来更改关节坐标的位置,点击"确定"则确定当前记录的关节位置的数值,如图 2-28 所示。

8. 笛卡尔坐标寄存器 LR

LR 是笛卡尔型坐标寄存器如图 2-29 所示,它能记录机器人的笛卡尔位置信息,使用方法同 JR 寄存器。

9. 外部轴坐标寄存器 ER

ER 是外部轴关节坐标寄存器,用于记录和保存外部轴关节的点位信息,在使用到外部使用该寄存器保存外部轴的相关点位信息,如图 2-30 所示。

八、配置

1. 更换用户组

在主菜单中选择"配置"→"用户组",将显示当前用户组。若欲切换至默认用户组,则点击"标准"(如果已经在默认的用户组中,则不能使用"标准")。若欲切换至其他用户组,则按下"登录",选定所需的用户组。Super 用户和 Debug 用户需要输入密码才能登录。

在 HSpad 系统软件中,不同用户具有不同的权限。用户登录界面如图 2-31 所示,登录后的当前用户组界面如图 2-32 所示。

共有下列用户组。

①Normal 用户,即操作人员用户组,该用户组为默认用户组。

②Super 用户,即超级权限用户组,该用户组拥有 HSpad 系统的所有功能使用权。此用户通过密码进行保护。

③Debug 用户,即调试人员用户组,该用户组对 HSpad 系统的部分调试方面的功能有使用权。此用户通过密码进行保护。

默认密码为"hspad"。

新启动时将选择默认用户组。

2. 机器人通信配置

配置控制器的通信参数,包括 IP 地址和端口号。在配置前需更换用户组到 Super。在

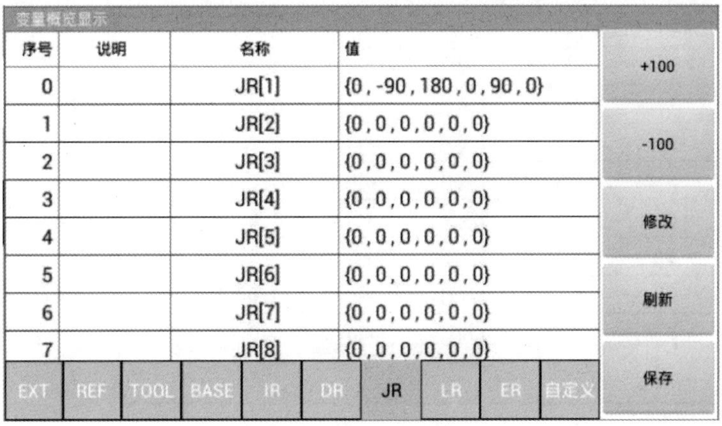

(a)关节坐标寄存器JR

(b)修改JR关节坐标寄存器坐标

图 2-28　关节位置寄存器 JR 及其坐标修改

主菜单中选择"配置"→"机器人配置"→"机器人通讯配置",将显示出"机器人通讯配置"窗口。如图2-33、图 2-34 所示。

注意,此处的 IP 应跟系统配置的静态 IP 在同一个网段,否则通信不能正常建立。

3. 机器人信息

在主菜单中选择"配置"→"机器人配置"→"机器人信息",弹出如图 2-35 所示的机器人信息显示界面,图中各选项的说明如表 2-11 所示。

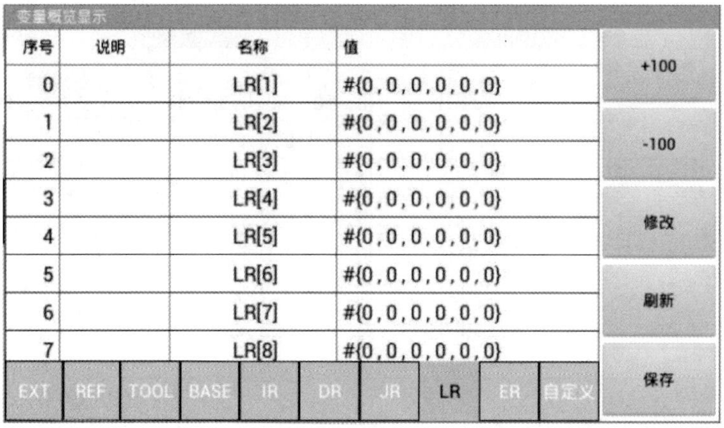

序号	说明	名称	值
0		LR[1]	#{0,0,0,0,0,0}
1		LR[2]	#{0,0,0,0,0,0}
2		LR[3]	#{0,0,0,0,0,0}
3		LR[4]	#{0,0,0,0,0,0}
4		LR[5]	#{0,0,0,0,0,0}
5		LR[6]	#{0,0,0,0,0,0}
6		LR[7]	#{0,0,0,0,0,0}
7		LR[8]	#{0,0,0,0,0,0}

图 2-29　LR 位置寄存器

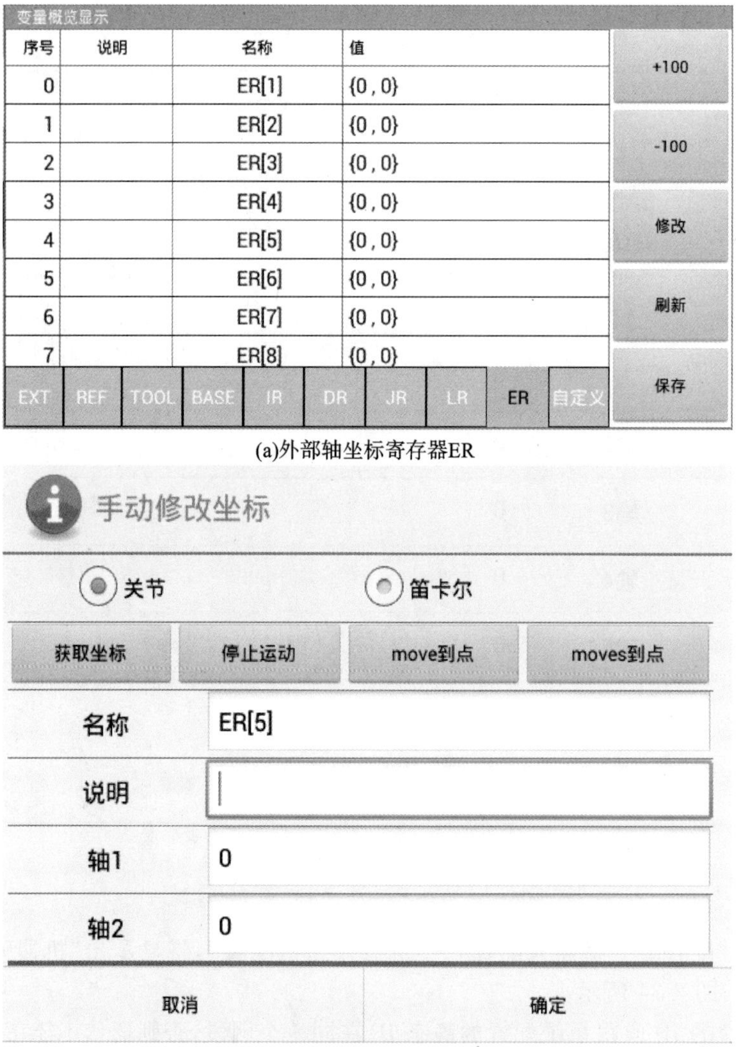

序号	说明	名称	值
0		ER[1]	{0,0}
1		ER[2]	{0,0}
2		ER[3]	{0,0}
3		ER[4]	{0,0}
4		ER[5]	{0,0}
5		ER[6]	{0,0}
6		ER[7]	{0,0}
7		ER[8]	{0,0}

(a)外部轴坐标寄存器ER

(b)手动修改ER坐标

图 2-30　ER 寄存器及其坐标修改

图 2-31　用户登录界面

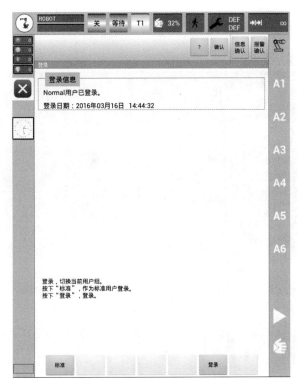

图 2-32　当前用户组信息

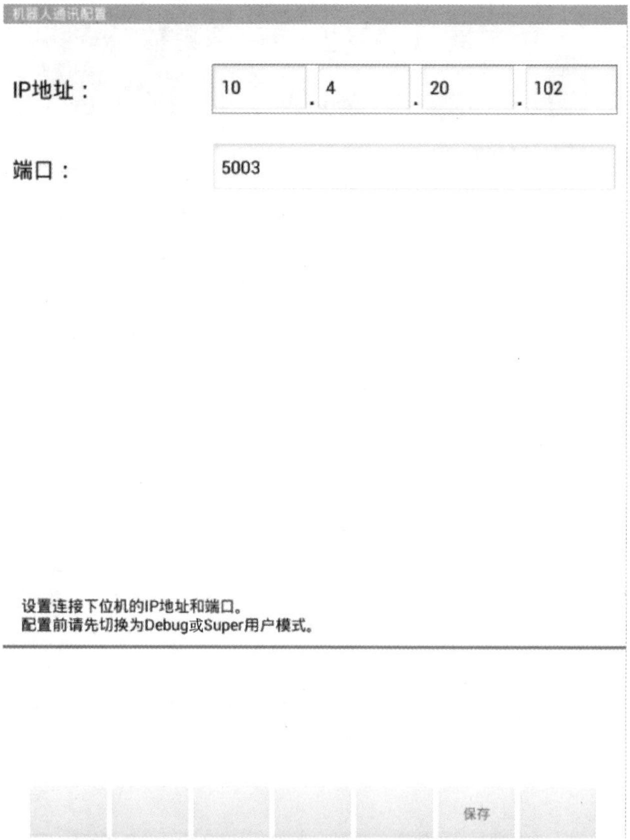

机器人通讯配置

| IP地址： | 10 | . | 4 | . | 20 | . | 102 |
| 端口： | 5003 |

设置连接下位机的IP地址和端口。
配置前请先切换为Debug或Super用户模式。

保存

图 2-33　机器人通信配置

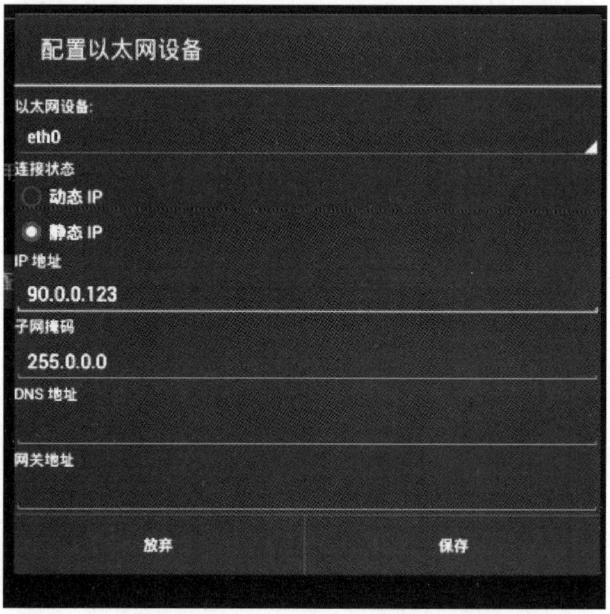

配置以太网设备

以太网设备：
eth0

连接状态
○ 动态 IP
● 静态 IP

IP 地址
90.0.0.123

子网掩码
255.0.0.0

DNS 地址

网关地址

放弃　　　　　　　　保存

图 2-34　系统 IP

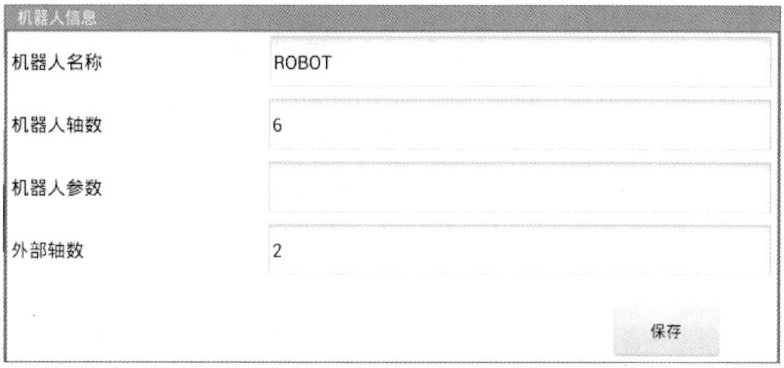

图 2-35 机器人信息

表 2-11 机器人信息选项说明

选 项	说 明
机器人名称	此选项可以配置机器人的名称,保存后重启控制器生效
机器人轴数	此选项可配置机器人轴数,保存后重启生效
外部轴数	配置外部附加轴数,保存后重启生效

4. 机器人参数

机器人参数,包括机械参数、轴参数等,如图 2-36 所示。机器人参数不支持在示教器上修改。

图 2-36 机器人参数

5. 辅助按键

示教器提供左侧 4 个辅助按键,用于自定义按键操作,可配置按键按下后输出的指令。在主菜单中选择"配置"→"机器人配置"→"辅助按键",将显示出"辅助按键配置"窗口,如图 2-37 所示。辅助按键只能在手动 T1 和 T2 模式下使用,在自动模式和外部模式下不能使用。

图 2-37　辅助按键

6. 外部运行配置

配置外部信号是指在系统信号和 IO 输入输出点位之间建立映射关系的过程。所有的系统信号都必须经过配置后才能映射到对应的 IO 点位上。在一个未进行外部信号配置的系统中,默认下系统信号和 IO 点位之间是没有映射连接关系的。配置外部信号只能在手动 T1 和 T2 模式下使用,在自动模式和外部模式下不能操作。系统信号列表如表 2-12、表 2-13 所示。

表 2-12　系统输入信号表

信号名称	说　明	生效方式
iPRG_START	启动程序信号。启动已加载的程序运行	下降沿有效
iPRG_PAUSE	暂停程序信号。暂停程序运行	下降沿有效
iPRG_RESUME	恢复程序信号。恢复被暂停的程序运行	下降沿有效
iPRG_KILL	停止程序信号。停止程序运行并卸载程序	下降沿有效
iPRG_LOAD	加载程序信号。加载指定的程序,该程序在"变量列表"中的"EXT_PRG"中指定	下降沿有效
iPRG_UNLOAD	卸载程序信号。该信号为系统备用信号,目前无作用	无
iENABLE	系统使能信号	上升沿上使能 复位断使能
iCLEAR_DRV_FAULTS	清除驱动报警信号	下降沿有效

表 2-13　系统输出信号表

信号名称	说　明	备　注
oROBOT_READY	机器人备妥信号。当同时满足系统初始化完毕,程序处于已加载状态,且已使能时该信号输出	程序运行中不会输出该信号

信号名称	说　　明	备　注
oDRV_FAULTS	驱动器报警信号。系统备用,目前无作用	
oENABLE_STATE	系统使能状态信号	
oPRG_UNLOAD	程序未加载状态	
oPRG_READY	程序已加载状态	
oPRG_RUNNING	程序运行状态	在同一时刻下,这些信号有且只有一个信号输出。例如,程序处于运行状态时,已加载信号不会输出;程序处于报警状态时,运行信号不会输出
oPRG_ERR	程序报警状态。在程序运行过程中,出现系统报警或驱动报警时该信号输出	
oPRG_PAUSE	程序暂停状态	
oPRG_TERMINATED	程序终止状态。通常情况下不会出现该信号,若出现需要重启机器人	
oPRG_INCORRECT	程序异常状态。通常情况下不会出现该信号,若出现需要重启机器人	
oPRG_KILLED	程序停止状态	
oPRG_OTHERS	程序其他状态。通常情况下不会出现该信号,若出现需要重启机器人	
oIN_REF[1]	机器人 TCP 处于第 1 参考点	机器人运动到参考点时,须停止在参考点才有信号输出;若机器人高速通过参考点,则不会输出信号
oIN_REF[2]	机器人 TCP 处于第 2 参考点	
oIN_REF[3]	机器人 TCP 处于第 3 参考点	
oIN_REF[4]	机器人 TCP 处于第 4 参考点	
oIN_REF[5]	机器人 TCP 处于第 5 参考点	
oIN_REF[6]	机器人 TCP 处于第 6 参考点	
oIN_REF[7]	机器人 TCP 处于第 7 参考点	
oIN_REF[8]	机器人 TCP 处于第 8 参考点	
oIS_MOVING	机器人是否正在运动中	
oMANUAL_MODE	系统处于手动模式	
oAUTO_MODE	系统处于自动模式	
oEXT_MODE	系统处于外部模式	
oSYS_ERR	系统报警信号	程序状态出错或者系统有报警信号时输出信号

进入配置界面可看到如图 2-38 所示界面,界面分为左右两个部分,左边是当前的系统信号及其映射的 IO 列表,右边为当前可用的 IO 列表。左边又分为系统信号列和 IO 索引列。图中所有的系统信号对应的 IO 索引全部为 0,即当前没有系统输出信号映射到 IO 点位上。

建立映射关系。点击"oPRG_UNLOAD"栏,该栏底色变为蓝色(即为选中);再点击右

图 2-38　系统信号配置对话框

边"D_OUT 索引号"列的"5"（蓝色底色）；最后点击中间的添加按钮，可看到左边"oPRG_UNLOAD"对应的 IO 索引变为"5"，而右边"D_OUT 索引号"中的"5"则不在该列中显示。该操作将系统信号"oPRG_UNLOAD"与 IO 输出"D_OUT[5]"建立了映射关系，若当前系统信号"oPRG_UNLOAD"有效（即没有加载大家程序），则"D_OUT[5]"有信号输出。

解除映射关系。若当前系统信号"oPRG_UNLOAD"对应的 IO 索引为 5，选定该信号栏，点击中间移除按钮，则"oPRG_UNLOAD"对应的 IO 索引变为 0，该信号不再与 D_OUT[5]有映射关系。

注意："添加"和"移除"操作后需点击"保存"按钮进行保存，否则重启系统后会恢复原来的设置。若某一个 IO 点位与系统信号建立了映射关系，则该 IO 点位即被系统占用，不能在程序中改变该 IO 点位的值。被占用的 IO 点位切勿在程序中使用，否则可能出现未知后果。

7. 编码、解码设置

编码功能是指将 IR 寄存器映射到 IO 的输出，根据 IR 的值置位 IO 序列，这个过程是二进制编码，通过 IR 的值来编码对应的 IO 序列值，例如 D_OUT[1]-D_OUT[4]与 IR[1]关联，其中 IR[1]=3（二进制 0011b），则 D_OUT[1]=1，D_OUT[2]=1 剩余的 D_OUT 都是0；解码功能是指将 IO 的输入映射到 IR 寄存器，外部输入相应的信号，控制器会把这个信号解码到 IR 寄存器,例如 D_IN[1]-D_IN[4]映射到 IR[2],外部输入 D_IN[2]＝1,则对应的 IR[2]＝2(二进制 0010b)。被占用的 IO 切勿在程序中使用,否则可能出现未知后果。编码、解码配置示意图如图 2-39、图 2-40 所示。

图 2-39　编码设置

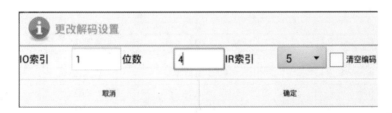

图 2-40　更改解码设置

8. 视觉设置

视觉设置提供通用的设置模板,包括识别命令、IP 和端口设置、小数位数设置、数据位数设置、结果存储设置等,如图 2-41 所示。其中:"数据发送 IP"用于设置控制器发送目标 IP;"数据接收 IP"用于设置控制器接收视觉系统返回的数据 IP 和返回端口,一般情况下发送和接收的 IP 是相同的,端口不同;"数据格式"用于设置视觉系统识别到物体后返回多少个数据,例如返回 3 个数据,分别为"NG,X,Y";"小数位数"用于设置视觉系统返回数据在传输时的小数位数,如果使用整数传输,收到的结果需要根据返回数据来做除法运算,例如返回 1,1234,3456,小数数据为 3,则实际结果为:1,1.234,3.456;"数据起始位"目前设计格式为 IR[起始位]存储第一个数据,DR[起始位]存储第二个,后面的数据依次按顺序存储在后面的 DR 寄存器中;"结果存储位 IR"用于设置识别了多少个物件,如果为 2,则 IR[起始位]和 IR[起始位＋1]都有数据。

9. 输入映射到输出

输入映射到输出是为了让输入信号直接反馈到输出上,输出信号可以接外围设备或者输出到总控 PLC。被占用的 IO 切勿在程序中使用,否则可能出现未知后果。输入映射到输出示意图如图 2-42、图 2-43 所示。

图 2-41　视觉设置

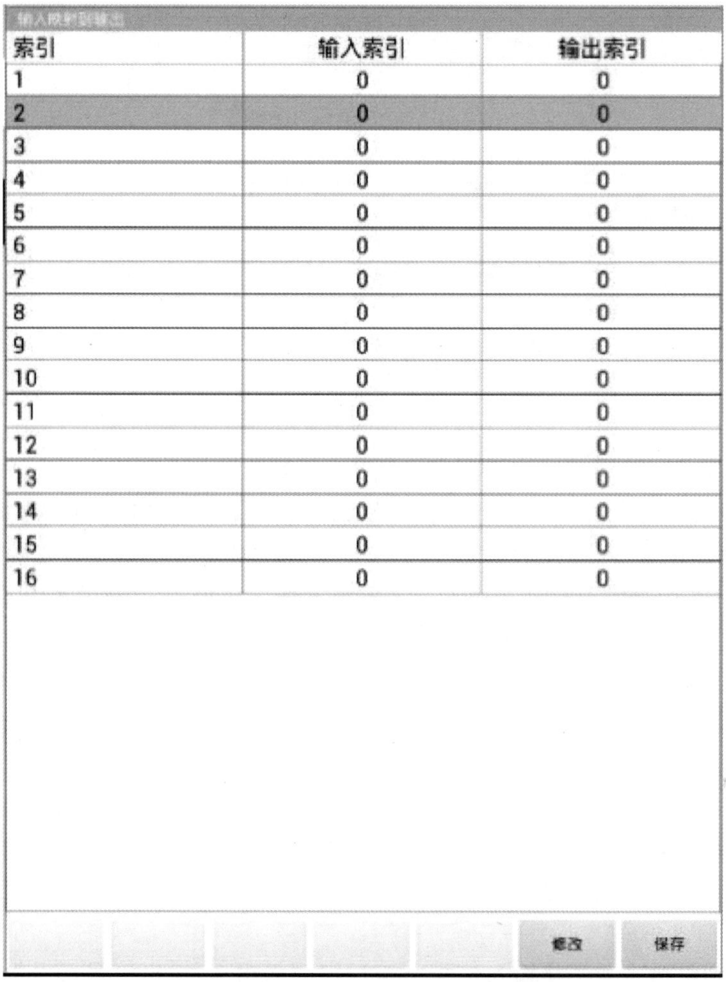

索引	输入索引	输出索引
1	0	0
2	0	0
3	0	0
4	0	0
5	0	0
6	0	0
7	0	0
8	0	0
9	0	0
10	0	0
11	0	0
12	0	0
13	0	0
14	0	0
15	0	0
16	0	0

图 2-42　输入映射到输出结果显示

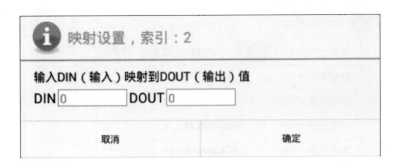

图 2-43　输入映射到输出设置

10. 用户 PLC 配置

要使用用户 PLC 功能,必须先编写 USER_PLC.LIB 的文件,然后通过示教器或者电脑加载到 IPC,在加载时请注意,如果用户 PLC 在运行,必须先停止用户 PLC,如图 2-44 所示,否则发送用户 PLC 失败。配置完成,更改后立即生效。

图 2-44　输入映射到输出配置

11. ModBus 配置

ModBus 配置功能由使能开关来全局控制 ModBus 功能的开启和关闭(按钮底色显示红色表示开启,灰白色表示关闭),其余为设置参数对象。

只有在设置控制器模式为服务端的情况下,IP 设置和端口设置才可以进行操作(同时 ModBus 显示界面中输入状态和输入寄存器的大小才能进行设置)。

线圈状态和输入状态的值必须小于等于 64 且为整数,保持寄存器和输入寄存器的值必须小于等于 8 且为整数,否则会提示参数错误,设置失败。ModBus 配置示意图如图 2-45 所示。

12. 保存

保存示教器设置的参数,包括保存全部、保存运行设定、保存机器人配置、保存软件配置,如图 2-46 所示。

在主菜单中选择"配置"→"保存",选择保存内容。

- 保存全部:保存所有的设定。
- 保存运行设定:保存投入运行中设置的内容,包括校准、标定等。

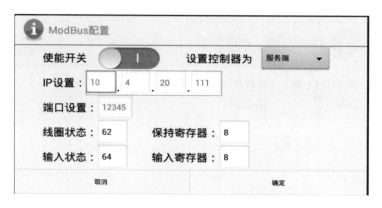

图 2-45　ModBus 配置

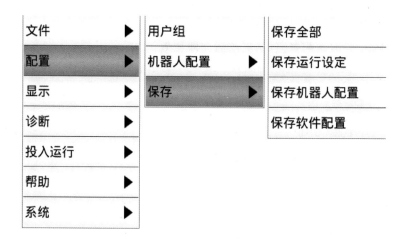

图 2-46　保存

- 保存机器人配置：保存机器人配置中的内容，包括通信配置、机器人信息等。
- 保存软件配置：保存软件的配置，包括用户组密码等。

九、投入运行

1. 修调设置

在打磨程序或者特殊应用场景中需要禁止手动修改修调值（自动模式程序加载运行时），要使用此功能，在设置界面选择禁用即可，设置后立即生效，如图 2-47 所示。

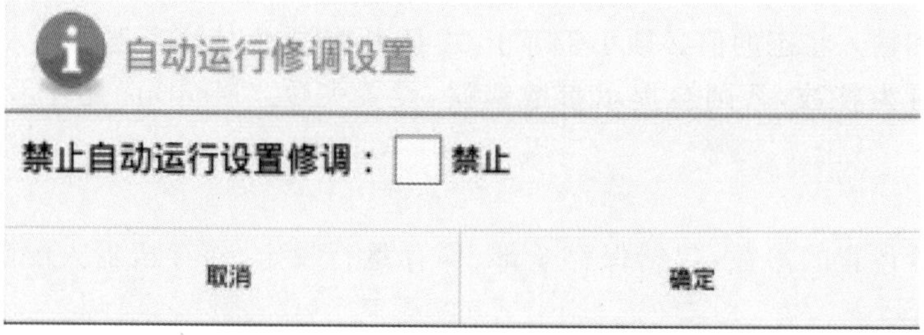

图 2-47　修调设置

2. 软限位设置

机器人投入运行前必须设置限位开关,并设置相应轴数据,否则可能会造成损失。通过设定的软限位开关,可限制所有机械手和定位轴的范围。软限位开关用作机器人防护,设置后可保证机器人运行在设置范围内。软限位开关在工业机器人投入运行时被设定。根据现场环境,依次对每个轴进行相应限位设置,轴数据的单位都是弧度单位。注意,在设置限位信息时,负限位的值必须小于正限位的值。

1)内部轴软限位设置

点击"菜单",再点击"投入运行"→"软限位开关",弹出设置对话框,如图 2-48 所示。

图 2-48 内部轴软限位设置对话框

图 2-48 所示对话框中各设置项的含义如表 2-12 所示。

表 2-12 各设置项的含义

设 置 项	含 义
轴	机器人轴
负	机器人负软限位
当前位置	机器人当前位置
正	机器人正软限位
使能	软限位使能开关,在 OFF 状态下无软限位

点击"A1[°]"栏,设置轴 1 软限位,输入数据,选择使能为"ON",点击"确定"按钮,如图 2-49 所示。

其他轴设置方法同上,设置完所有轴限位信息后,点击"保存"按钮,如果保存成功,提示栏会提示保存成功,重启控制器生效。在轴校准时可以把轴的软限位使能关闭,轴数据校准后再启用使能开关,以便于轴校准,在设置数据时需要注意,设置的软限位数据不能超过机械硬限位,否则可能会造成机器人损坏。

2)删除限位信息

当需要删除全部限位信息时,可以在软限位信息界面点击"删除限位"按钮,提示操作成功后重启生效。

图 2-49　轴 1 正、负软限位设置对话框

3）外部轴软限位设置

外部轴软限位主要用于设置外部轴运动范围，机器人系统必须存在外部轴，如果不存在外部轴，则外部轴限位信息界面显示为空，其设置方法与内部轴设置方法一样。

3．轴校准

机器人只有在校准之后方可进行笛卡尔运动，并且要将机器人移至编程位置。机器人的机械位置和编码器位置会在校准过程中协调一致。为此必须将机器人置于一个已经定义的机械位置，即校准位置。然后，每个轴的编码器返回值均被存储下来。所有机器人的校准位置都相似，但不完全相同。同一机器人型号的不同机器人的精确位置也会有所不同。

在表 2-13 所示的几种情况下必须对机器人进行校准。

表 2-13　必须对机器人进行校准的几种情况

情　　况	备　　注
机器人投入运行时	必须校准，否则不能正常运行
机器人发生碰撞后	必须校准，否则不能正常运行
更换电动机或者编码器后	必须校准，否则不能正常运行
机器人运行碰撞到硬限位后	必须校准，否则不能正常运行

1）内部轴校准

点击"菜单"→"投入运行"→"调整"→"校准"，弹出校准设置对话框，如图 2-50 所示。校准步骤如下。

①移动机器人轴到原点刻度标识处，如图 2-51 所示。

②待各轴运动到机械原点后，点击列表中的各个选项，弹出输入框，输入正确的数据后点击"确定"按钮，如图 2-52 所示。

③各轴数据输入完毕后，点击"保存校准"，保存数据，保存是否成功的状态会在状态栏显示，保存成功后的界面如图 2-53 所示。

2）外部轴校准

操作步骤参照内部轴校准。

3）删除已校准

当需要重新校准或者重置校准数据时，点击"删除已校准"按钮，删除校准。

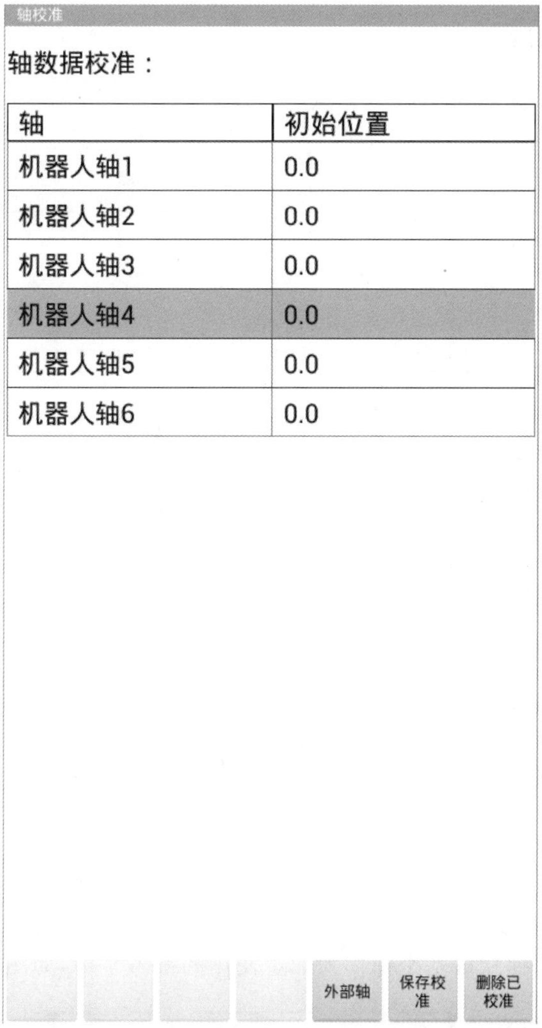

轴校准

轴数据校准：

轴	初始位置
机器人轴1	0.0
机器人轴2	0.0
机器人轴3	0.0
机器人轴4	0.0
机器人轴5	0.0
机器人轴6	0.0

外部轴　保存校准　删除已校准

图 2-50　轴数据校准

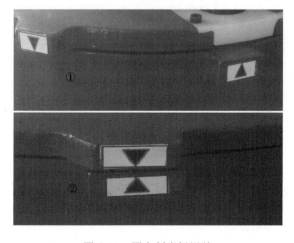

图 2-51　原点刻度标识处

图 2-52　轴数据输入

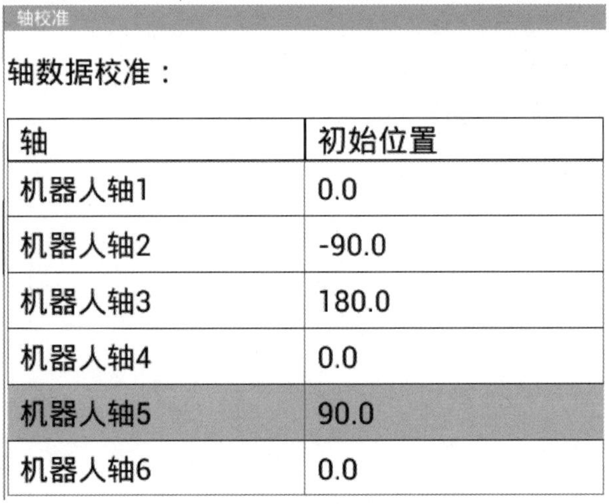

轴校准

轴数据校准：

轴	初始位置
机器人轴1	0.0
机器人轴2	-90.0
机器人轴3	180.0
机器人轴4	0.0
机器人轴5	90.0
机器人轴6	0.0

图 2-53　轴数据校准

4．坐标系标定

1）基坐标 3 点法标定

基坐标标定时须选择默认基坐标作为标定使用的参考坐标，如图 2-54 所示。

图 2-54　选择基坐标

点击"菜单"，再点击"投入运行"→"测量"→"基坐标"→"3 点法"，弹出如图 2-55 所示界面。

按以下步骤进行 3 点法标定。

①选择待标定的基坐标号，备注名可根据实际使用情况进行设置。

②手动移动机器人到需要标定的基坐标原点，点击"记录笛卡尔坐标"按钮，记录原点

图 2-55　基坐标标定

坐标。

③手动移动机器人到标定基坐标的 Y 方向的某点,点击"记录笛卡尔坐标"按钮,记录工件 Y 轴正方向。

④手动移动机器人到标定基坐标的 X 方向的某点,点击"记录笛卡尔坐标"按钮,记录工件 X 轴正方向。

⑤点击"标定"按钮,程序计算出标定坐标。

⑥点击"保存"按钮,保存基坐标的标定值。

⑦标定完成后,点击"运动到标定点"按钮,基坐标可移动到标定坐标点。

⑧在菜单中选择"显示"→"变量列表",选中"BASE 寄存器",在弹出的界面中查看标定的相应基坐标值是否显示和准确,再点击"保存"按钮,防止标定后的寄存器坐标丢失。

2）工具坐标 4 点法标定

将待测量工具的中心点从 4 个不同方向移向一个参照点,控制系统便可根据这 4 个点计算出 TCP 的值。参照点可以任意选择。运动到参照点所用的 4 个法兰位置须分开足够的距离,如图 2-56 所示。

工具坐标标定时,须使用默认的工具坐标系,如图 2-57 所示,椭圆圈内的值需为 DEF。

在菜单中,点击"投入运行"→"测量"→"工具"→"4 点法",弹出如图 2-58 所示界面。

标定过程如下。

①为待测量的工具输入工具号和名称,点击"继续"按钮。

②将 TCP 移至任意一个参照点,点击"记录",再点击"确定"按钮确认。

③将步骤②再重复 3 次,参照点不变,方向彼此不同。

④点击"保存"按钮,数据被保存,窗口关闭。

3）工具坐标 6 点法标定

4 点法标定可以确定工具坐标系的原点,但是如果要确定工具坐标系的 X、Y 方向则须采用 6 点法标定。

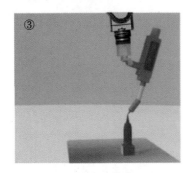
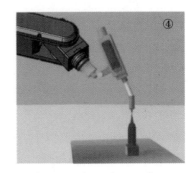

图 2-56　4 点法标定示意图

图 2-57　选定坐标系

在菜单中,点击"投入运行"→"测量"→"工具"→"6 点法",其界面与 4 点法标定基本一致。

标定过程如下。

①输入工具号和名称,点击"继续"按钮。

②将 TCP 移至任意一个参照点,点击"记录"按钮,再点击"确定"按钮确认。

③将步骤②再重复 3 次,参照点不变,方向彼此不同。

④手动移动机器人移动到标定工具坐标系的 Y 方向的某点,记录坐标。

⑤手动移动机器人移动到标定工具坐标系的 X 方向的某点,记录坐标。

⑥按下"标定"按钮,程序计算出标定坐标。

⑦点击"保存",数据被保存,窗口关闭。

图 2-58　4 点法标定

十、程序示教

1. 新建机器人程序

点击示教器软件左下方"新建"按钮,默认选择新建类型为"程序",输入程序名,点击"确定"按钮,如图 2-59 所示。注意:程序名须为字母、数字、下划线的形式,不能包含中文。

子程序通常在同一个程序下即可以编写保存,在子程序较多,且需要跨文件共享的时候,可以新建子程序,这样将生成 LIB 库文件,其属性为全局属性,可以为任意一个主程序调用(即通常所称的子程序)。子程序命名也只能采用字母、数字、下划线的形式,且子程序名不能含有字母 J。

2. 插入指令

打开一个新建的程序,如图 2-60 所示。

选择需要在其后添加代码的一行。譬如,需要在第 13 行添加代码,则点击第 12 行,随后点击下方工具栏的"指令",在弹出的菜单中选择"运动指令"中的"MOVE",如图 2-61 所示。弹出用于添加相关数据的对话框,如图 2-62 所示。

数据添加完成后,点击右下角"确定"按钮,即可完成指令的添加。点击左下角的"取消"按钮,则会放弃添加的操作。

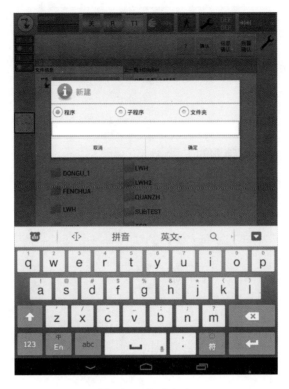

图 2-59 新建程序

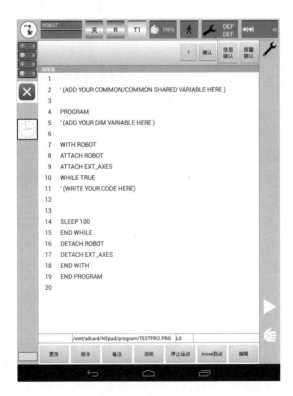

图 2-60 打开程序

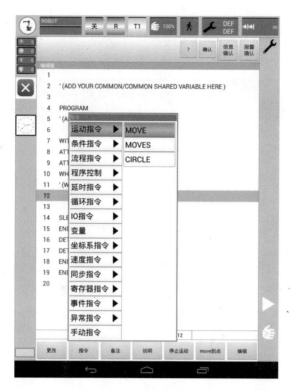

图 2-61　插入指令

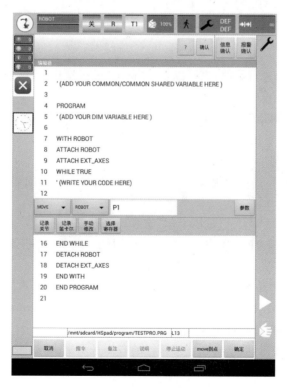

图 2-62　数据添加

3. 更改指令

选择需要更改的一行代码,点击下方工具栏的"更改"按钮,即可开始对该行代码进行修改。以第 10 行的"WHILE TRUE"为例,选择该行,点击"更改"按钮,如图 2-63 所示。

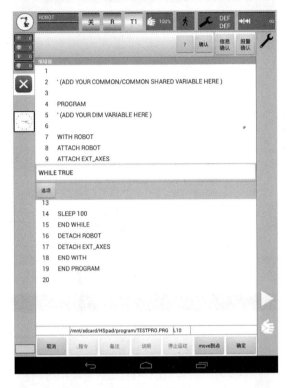

图 2-63　更改

可以手动输入代码进行修改,也可以点击"选项"进行操作。在这里,点击"选项"进行操作,如图 2-64 所示。

如果要条件由"TRUE"变为"IR[1]=1",可选中"TRUE"一栏,点击"修改条件",按需要进行操作,如图 2-65 所示。最终效果如图 2-66 所示。

4. 保存当前位置到运动指令

以前文所述 MOVE 指令为例,选中该行,点击"更改",弹出的界面与添加 MOVE 指令时基本一致,如图 2-67 所示。

可以看到有"记录关节"、"记录笛卡尔"选项。选择"记录关节"选项则记录机器人当前点的各个关节坐标,并保存在 P1 中;选择"记录笛卡尔"选项,则记录机器人当前 TCP 点在当前笛卡尔坐标系下的坐标值并保存在 P1 点中。

P1(以及 P2、P3 等)是用于保存位置的变量,为防止误更改,系统将这些变量存放在文件名和程序名相同,但后缀为.dat 的文件中,在示教器权限为 normal 级别时不可见。在备份程序时,示教器将同时自动备份.dat 文件。

点击"记录关节"按钮,数据将在该按钮行的右侧显示出来,如图 2-68 所示。

可以点击"手动修改"对保存的数据进行修改,如图 2-69 所示。

如果寄存器中已经有了需要的点位信息,可以点击"选择寄存器",从指定寄存器中读取位置数据。

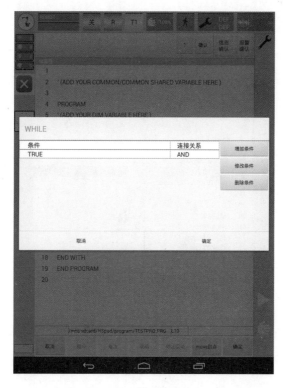

图 2-64　选项

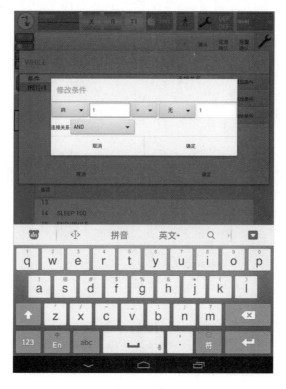

图 2-65　修改

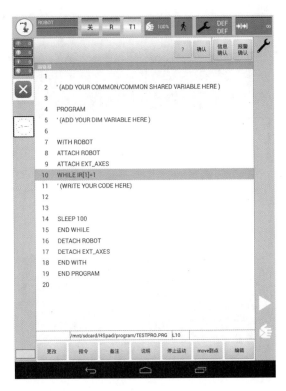

图 2-66　完成后的界面

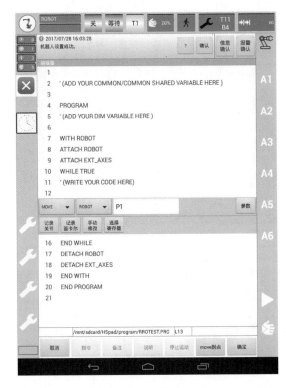

图 2-67　更改

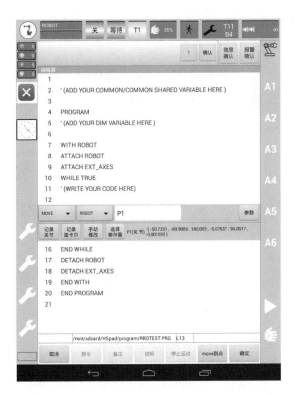

图 2-68　记录关节

图 2-69　手动修改

5. 运动到点功能

选中具有点位信息的代码行,行末会出现"moves 到点"的按钮,如图 2-70 所示。

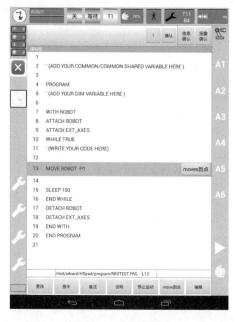

图 2-70　运动到点

点击"moves 到点",则机器人将从当前位置运动到 P1 点的位置,也可点击界面下方的"move 到点"按钮,机器人将从当前位置,以 move 的方式运动到 P1 点。

在工程调试时,如果需要机器人运动到调试点,且坐标点的值可以根据需要改变,可以使用寄存器进行调试操作,点击"菜单"→"显示"→"变量列表",弹出如图 2-71 所示界面。

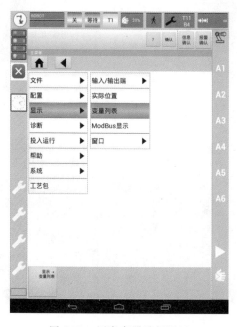

图 2-71　用寄存器进行调试

选择需要存放坐标数据的一栏，比如 JR、LR（外部轴可以选择 ER），选择其中保存有数据的变量，点击右边的"修改"按钮，如图 2-72 所示。

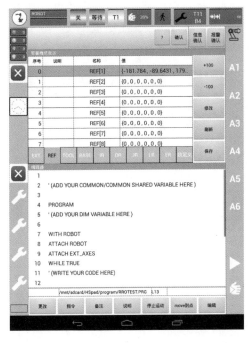

图 2-72　变量列表

在弹出对话框的顶部，可以看到"move 到点"、"moves 到点"的选项，上使能，然后点击相关的选项按钮即可，如图 2-73 所示。

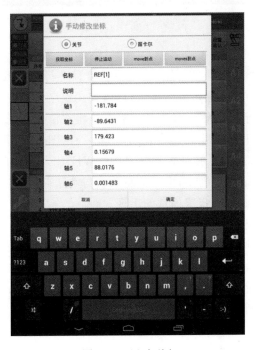

图 2-73　运动到点

6．手动单步调试程序

默认情况下，程序以连续的方式运行，不便于排查错误。若要修改程序运行方式，点击上方小人图标，如图 2-74 所示，将"连续"改为"单步"即可。加载程序后，每按一次运行按键，程序将执行一行代码。调用子程序时，子程序也不会一次执行完毕，而是进入子程序内部单步执行。

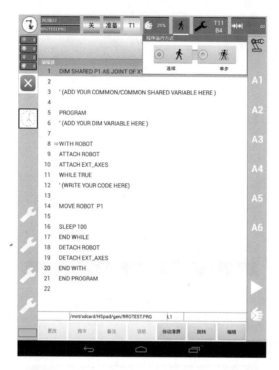

图 2-74　修改运动方式

7．检查和排除程序错误信息

程序的编写和运行难免会遇到错误，相关错误信息都将在示教器软件上方信息栏中显示出来，根据相关的错误信息，通过信息提示，可以查找程序中的错误。

加载程序时将会进行语法检查，发现错误后系统将在信息栏报警，并在短暂停留后自动退出加载，整个过程中程序无法启动，如图 2-75 所示。由图 2-75 可知，程序第 15 行存在语法错误，11 行的 WHILE 结构不够完整，没有 END WHILE 与之对应，后一个错误实际上是由第 15 行的错误导致的。可以看出，报警信息数量与实际存在的错误个数并不是一一对应的，一个错误往往可以导致多个报警信息的出现。

更为普遍的错误情况是，程序可以通过语法检查，但是在运行过程中会出现错误，譬如位置无法到达、加速度超限等，这通常是位置信息、运动参数等设置有误导致的。系统在遇到运行错误时，将会停止在出现错误的一行，报警信息也会指出导致运动停止的原因。

同时出现多个错误时，可以点击信息栏，将显示所有错误信息，如图 2-76 所示。

在点击信息栏右方的"报警确认"后，相关错误信息将被清空，为回看错误信息，可以按下"菜单"键，点击"诊断"→"运行日志"→"显示"，如图 2-77 所示。

在运行日志内，提示、警告、错误等都会被显示，可以通过添加过滤器来只查看某一类别的信息。

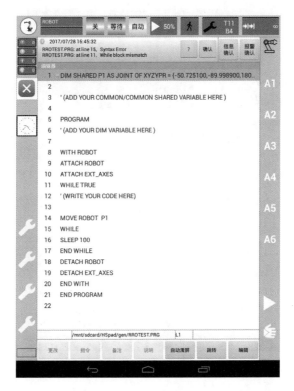

图 2-75　程序检查

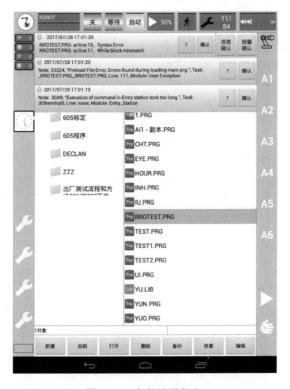

图 2-76　多条错误信息

图 2-77　显示运行日志

8. 程序的备份与恢复

为对备份与还原进行配置,点击菜单中的"文件"→"备份还原设置",界面如图 2-78 所示,默认的备份还原路径都是 U 盘的根目录,如果备份还原不成功,需检查路径是否正确。

图 2-78　备份路径界面

回到文件浏览器,可以看到下方工具栏中有"备份"、"恢复"的选项。插入 U 盘后,选择需要备份的文件或文件夹,点击"备份",可以看到相关的提示信息,如图 2-79 所示。

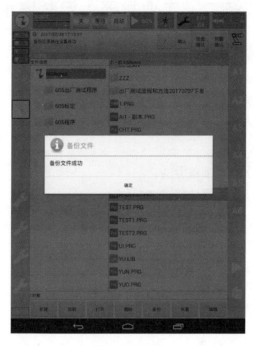

图 2-79　备份

点击"恢复",则会弹出需要恢复的文件或文件夹的对话框,选中要恢复的项目之后点击"确定"按钮即可,如图 2-80 所示。

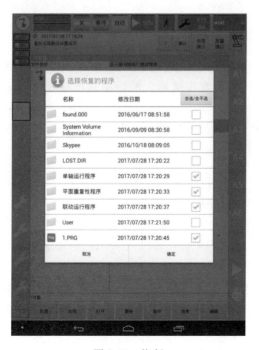

图 2-80　恢复

任务二　工业机器人示教编程

任务目标

◆ 理解工业机器人编程指令的语法格式及编写方法；

◆ 能使用工业机器人基本指令正确编写程序。

知识目标

◆ 掌握程序的新建、编辑、加载方法；

◆ 掌握工业机器人指令的语法格式、编写方法。

能力目标

◆ 能够新建、编辑和加载程序；

◆ 能够熟练运用编程指令编写程序；

◆ 能够完成搬运动作的示教；

◆ 能够完成码垛动作的示教。

任务描述

本任务利用 HSR-JR605 工业机器人完成搬运动作和码垛动作的示教，需要进行程序的编写、程序数据的创建、目标点示教、程序调试等工作任务，最终完成整个工业机器人示教编程任务。通过本任务的学习，应能熟练掌握工业机器人程序的编写，学会工业机器人程序的编写技巧。

知识准备

工业机器人作为一个智能制造单元，其智能性在于可编程。因此了解和掌握机器人的编程知识，对项目的顺利实施和发挥机器人的性能具有重要而实际的意义。华数机器人编程灵活开放，能提供多种解决方案。

一、文件与程序结构

1. 程序结构

在示教器上新建一个程序时，系统会自动生成一个程序模版，可以在此模版的基础上进行机器人的示教编程操作。程序模版如图 2-81 所示。

程序模板中各部分的含义如下。

PROGRAM 和 END PROGRAM，WITH ROBOT 和 END WITH，ATTACH 和 DE-TACH，分别是三对配合使用的程序指令。PROGRAM 和 END PROGRAM 指明了程序段的开始和结束，系统需要依据这对关键词来识别这是一个程序，而不是子程序等。WITH ROBOT 和 END WITH 指明系统控制的默认组是 ROBOT 组，而所有外部轴组成 EXT_AXES 组，WITH ROBOT 表示默认的操作是针对 ROBOT 组的，在程序中如果不指明是哪个组，则运行 ROBOT 组。ATTACH 和 DETACH 用于绑定组和解除组，程序只有绑定了一个控制组/轴（单个轴、机器人组或者外部轴组）才能运行。

```
1
2    ' (ADD YOUR COMMON/COMMON SHARED VARIABLE HERE )
3
4    PROGRAM
5    ' (ADD YOUR DIM VARIABLE HERE )
6
7    WITH ROBOT
8    ATTACH ROBOT
9    ATTACH EXT_AXES
10
11   WHILE TRUE
12   ' (WRITE YOUR CODE HERE)
13
14   SLEEP 100
15   END WHILE
16
17   DETACH ROBOT
18   DETACH EXT_AXES
19   END WITH
20   END PROGRAM
```

图 2-81　程序模版

2. 常用数据类型

在实际编程中,常常用到数字型、字符串型和坐标型等几种数据类型,其数据类型的描述和范围如表 2-14 所示。

表 2-14　常用数据类型及其描述与范围

数据类型	种类	描述	范围
数字型	long	32 位有符号整数	−2147483648(最小值)2147483647(最大值)
	double	双精度浮点型	±1.79769313486223157 E+308
字符串型	string	ASCII 字符串	长度无限制
坐标型	joint	一套 2-10 个双精度浮点型数字的组合	每个坐标点的最大最小值为 ±1.79769313486223157 E+308
	location	一套 2-10 个双精度浮点型数字的组合	每个坐标点的最大最小值为 ±1.79769313486223157 E+308

二、运动指令

1. MOVE 指令

MOVE 指令以单个轴或某组轴(机器人组)的当前位置为起点,移动某个轴或某组轴(机器人组)到目标点位置。移动过程不进行轨迹以及姿态控制。工具的运动路径通常是非线性的,工具在两个指定的点之间任意运动。

指令语法:

MOVE<AXIS> |<GROUP> <TARGET POSITION> {OPTIONAL PROPERTIES}

指令参数(可选):

MOVE 指令包含一系列的可选属性——ABSOLUTE、VCRUISE、ACC、DEC 等。属性设置后,属性值仅对当前运动有效,该运动指令行结束后,属性值恢复到默认值。如果不设置参数,则使用各参数的默认值运动。

指令示例：

①MOVE ROBOT # {600,100,0,0,180,0}ABSOLUTE＝1 VCRUISE＝100

②MOVE A1-10 ABSOLUTE＝0 VCRUISE＝120

上述示例中，第一行 MOVE 指令使用绝对值编程方式（ABSOLUTE＝1），控制对象为 ROBOT 组，并且设定了 ROBOT 的运行速度为 100°/s，其目标位置为笛卡尔坐标系下的 ♯{600,100,0,0,180,0}。第二行 MOVE 指令使用相对值的方式编程（ABSOLUTE＝0），单独控制 A1 轴进行运动，目标位置基于当前位置向负方向偏移 10°。

2. MOVES 指令

指令说明：

MOVES 指令以机器人当前位置为起点，控制其在笛卡尔空间范围内进行直线运动，常用于对轨迹控制有要求的场合。该指令的控制对象只能是机器人组。

指令语法：

MOVES<ROBOT> <TARGET POSITION> {OPTIONAL PROPERTIES}

指令参数（可选）：

MOVES 可选属性包含 VTRAN（直线速度）、ATRAN（直线加速度）、DTRAN（直线减速度）、VROT（旋转速度）、AROT（旋转加速度）、DROT（旋转减速度）等。属性设置后，属性值仅针对当前运动有效，该运动指令行结束后，系统恢复到默认值。如果不设置参数，则系统使用各参数的默认值运动。

指令示例：

①MOVES ROBOT # {425,70,55,90,180,90}ABSOLUTE＝1 VTRAN＝ 100 ATRAN＝80 DTRAN＝100

②MOVES ROBOT{- 10,0,0,0,0,0}ABSOLUTE＝0 VTRAN＝120 ATRAN＝80 DTRAN＝80

如上述示例所示，第一行指令控制机器人 ROBOT 从当前位置开始，以直线的方式运动到笛卡尔坐标位置♯{425,70,55,90,180,90}，ABSOLUTE＝1 表示指令中使用的坐标为绝对值坐标，VTRAN 设定了机器人的运行速度为 100 mm/S，ATRAN 和 DTRAN 分别设置了机器人的加速度与减速度的大小。

3. CIRCLE 指令

指令说明：

CIRCLE 指令以当前位置为起点，CIRCLEPOINT 为中间点，TARGETPOINT 为终点，控制机器人在笛卡尔空间进行圆弧轨迹运动，同时附带姿态的插补。

指令语法：

CIRCLE<GROUP> CIRCLEPOINT＝ <VECTOR> TARGETPOINT＝ {<VECTOR> }{OPTION-AL PROPERTIES}

指令参数（可选）：

CIRCLE 指令可选属性包含 VTRAN、ATRAN、DTRAN、VROT、AROT、DROT 等。属性设置后，仅针对当前运动有效，该运动指令行结束后，恢复到默认值。如果不设置参数，则使用各参数的默认值运动。

指令示例：

①MOVE ROBOT # {400,300,0,0,180,0}VCRUISE＝100

②CIRCLE ROBOT CIRCLEPOINT＝# {500,400,0,0,180,0}TARGETPOINT＝# {600,

300,0,180,0}VTRAN=100

如上述示例所示,程序先运动机器人到♯{400,300,0,0,180,0}的位置,然后以该位置为起点,在 OXY 平面上进行圆弧运动。

注意:圆弧指令不能应用于走整圆,要实现走整圆需要使用两条 CIRCLE 指令,这在当前版本下暂时无法实现。

4. 运动参数

MOVE、MOVES、CIRCLE 这三个运动指令后面都可以添加相应的运动参数对该行运动进行属性设置。其常见的运动参数如图 2-82 所示。

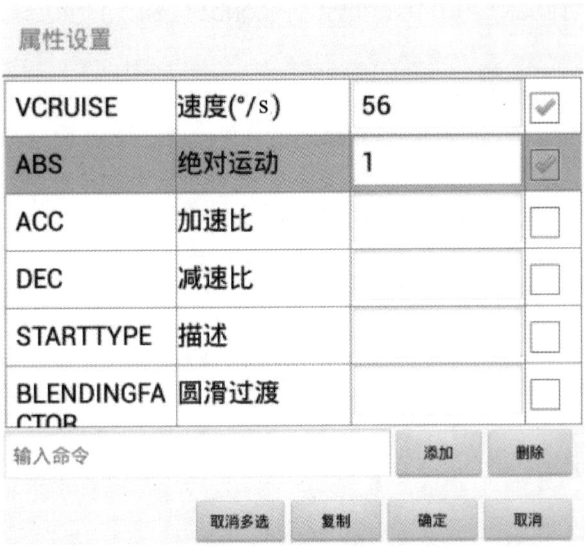

图 2-82 常见的运动参数

在"输入命令"后输入相关的运动参数属性,再点击"添加"按钮即可添加列表中没有的运动参数。由于运动参数的属性很多,不能一一进行讲解,下面将对常用的运动参数属性进行说明。

(1) VCRUISE:关节运动速度,对 MOVE 指令有效,默认值为 180°/s,值越大,速度越快。

(2) ACC/DEC:关节运动加速度/减速度,对 MOVE 指令有效,默认值为 960°/s²,值越大,加速度越大。

(3) VTRAN:直线运动速度,对 MOVES、CIRCLE 指令有效,默认值为 1200 mm/s,值越大,速度越快。ATRAN/DTRAN:直线运动加速度/减速度,对 MOVES、CIRCLE 指令有效,默认值为 4800 mm/s²,值越大,加速度越大。

上面各参数的默认值对六关节的机器人如 605、612、620 有效,其他型号的机器人默认值可能不同,且这些默认值都是在自动模式下的默认值。在更改这些值时,不能不断增大,太大的参数值可能导致报警。

(4) VTRAN/VCRUISE、倍率(修调)和机器人实际运行速度的关系:机器人实际运行速度=VTRAN 值×倍率。例如:MOVES P1 VTRAN=100。此时如果示教器的倍率为50%,则实际上机器人的运行速度为:100 mm/s×50%=50 mm/s,VCRUISE 与它们的关系同理。

三、条件指令

1. IF…THEN…END IF

指令说明:

IF…THEN…END IF 指令组的含义是"(IF)如果……成立,(THEN)则……"。该指令用来控制程序在某条件成立的情况下,才执行相应的操作。

指令语法:

IF<CONDITION> THEN

<FIRST STATEMENT TO EXECUTE IF CONDITION IS TRUE>

<MULTIPLE STATEMENTS TO EXECUTE IF CONDITION IS TRUE>

{ELSE

  <FIRST STATEMENT TO EXECUTE IF CONDITION IS FALSE>

  <MULTIPLE STATEMENTS TO EXECUTE IF CONDITION IS FALSE> }

END IF

其中"{}"括起来的部分为可选部分。ELSE 表示当 IF 后面跟的条件不成立时,会执行其后面的程序语句。

指令示例:

IF D_IN[1]=OFF THEN

MOVE A1 100 ABS=0

ELSE

  MOVE A1 200 ABS=0

END IF

上述指令表示,当 D_IN[1]的值等于 OFF 时,相对于当前位置正向移动 A1 轴 100°;否则,相对于当前位置正向移动 A1 轴 200°。

2. SELECT…CASE

指令说明:

该指令在条件变量或条件表达式有某些特定的取值时,进行条件选择并执行相应程序。

指令语法:

SELECT CASE<SELECTEXPRESSION>

{CASE<EXPRESSION>

{STATEMENT_LIST}}

{CASE IS<RELATIONAL- OPERATOR> <EXPRESSION>

{STATEMENT_LIST}}

{CASE<EXPRESSION> TO<EXPRESSION>

{STATEMENT_LIST}}

{CASE<EXPRESSION1> ,<EXPRESSION2>

{STATEMENT_LIST}}

{CASE ELSE

{STATEMENT_LIST}}

END SELECT

其中<SELECTEXPRESSION>表示可能有某些特定取值的变量或表达式。CASE 后面跟的特定情况有五种：＜EXPRESSION＞表示具体的取值；IS＜RELATIONAL-OPER-ATOR＞＜EXPRESSION＞表示＜SELECTEXPRESSION＞的取值与＜EXPRESSION＞的逻辑关系，＜RELATIONAL-OPERATOR＞为逻辑操作符，有＞，＜，＜＞，＝，＞＝，＜＝六种；＜EXPRESSION＞TO＜EXPRESSION＞表示＜SELECTEXPRESSION＞的值处于两个表达式或变量的值之间，包含两个表达值或变量的值；＜EXPRESSION1＞，＜EX-PRESSION2＞表示＜SELECTEXPRESSION＞的取值为＜EXPRESSION1＞或＜EX-PRESSION2＞；ELSE 表示没有满足＜SELECTEXPRESSION＞的情况。

指令示例：

```
PROGRAM
DIM I AS LONG
  SELECT CASE I
    CASE 0
      PRINT "I=0"
    CASE 1
      PRINT "I=1"
    CASE IS> =10
      PRINT "I> =10"
      CASE 6 TO 9
      PRINT "I IS BETWEEN 6 AND 9"
    CASE 2,3,5
      PRINT "I IS 2,3 OR 5"
    CASE ELSE
      PRINT "ANY OTHER I VALUE"
  END SELECT
END PROGRAM
```

四、流程指令

1. CALL

指令说明：

该指令的功能是调用由 SUB…END SUB 关键字定义的子程序。

指令语法：

CALL< SUBPROGRAM NAME>

指令示例：

```
'TEST.PRG
PROGRAM
PRINT"THIS IS MAIN PROGRAM"
CALL TESTSUB
END PROGRAM

'TESTSUB.LIB
SUB TESTSUB
```

```
    PRINT"THIS IS SUB"
END SUB
'THIS IS MAIN PROGRAM
'THIS IS SUB
```

在主程序（PRG 文件）中使用 CALL 关键字调用子程序，程序会切换到子程序内执行子程序内的语句。上述示例的输出为先打印出"THIS IS MAIN PROGRAM"，然后打印出"THIS IS SUB"。

2. GOTO…LABEL

指令说明：

GOTO 指令主要用来将程序跳转到指定标签（LABEL）位置处。要使用 GOTO 关键字，必须先在程序中定义 LABEL 标签，且 GOTO 与 LABEL 必须处在同一个程序块（PROGRAM…END PROGRAM，SUB…END SUB，FUNCTION…END FUNCTION，ONEVENT…END ONEVENT）中。

指令语法：

GOTO< PROGRAM LABEL>

< PROGRAM LABEL> :

指令示例：

```
PROGRAM
IF D_IN[1]=ON THEN
    GOTO LABEL1
END IF
PRINT "D_IN[1]=OFF"
LABEL1:
    PRINT "D_IN[1]=ON"
END PROGRAM
```

如上示例所示，当 D_IN[1]为 ON 时，执行 GOTO 指令，此时程序会直接跳转到"LABEL1:"处，然后执行后面的语句，即打印出"D_IN[1]=ON"，而不会执行 PRINT"D_IN[1]=OFF"这一行。如果 D_IN[1]不为 ON，则 IF 条件不成立，程序顺序往下执行，即执行 PRINT"D_IN[1]=OFF"LABEL1:PRINT"D_IN[1]=ON"，输出 D_IN[1]=OFF 和 D_IN[1]=ON。需要注意的是，需尽量避免使用 GOTO 语句，GOTO 语句会打乱整个程序的逻辑顺序，使得程序结构混乱，不容易理解，且容易出错。

3. SUB…END SUB

指令说明：

该指令用来定义子程序，可以带参数，但不允许有返回值，使用 CALL＋子程序名的方式调用，用该方式定义的子程序必须在 PROGRAM…END PROGRAM 结构的外部。

由于子程序可以有多个，所以每一个子程序都需要给出一个不重复的名字，即程序名唯一。SUB 的作用范围默认是该示教程序，如果需要在其他地方调用，比如另一个示教程序，则可以在子程序头前添加 PUBLIC 关键字，用 PUBLIC 声明的子程序，所有的主程序都可以调用。

指令语法：

```
SUB<SUBPROGRAM NAME> {PARAMETERS}
    <SUBROUTINE CODE TO EXECUTE>
END SUB
```

指令参数(可选)：

<SUBPROGRAM NAME>为 SUB 的名字,{PARAMETERS}为 SUB 的参数(如果 SUB 的声明里指出需要参数)。

指令示例：

```
DIM SHARED LASTLOOP AS LONG
PROGRAM
LASTLOOP=10
ATTACH A1
MOVE A1 100
CALL A1_MOVE(LASTLOOP)
END PROGRAM


SUB A1_MOVE(LASTLOOP AS LONG)
DIM INDEX AS LONG
FOR INDEX=1 TO LASTLOOP
MOVE A1 1 ABS= 0
NEXT INDEX
END SUB
```

4. FUNCTION…END FUNCTION

指令说明：

该指令类似于 SUB 指令,也是用来定义子程序的,不过 FUNCTION 定义的子程序必须包含返回值,因此要在 FUNCTION 的声明中定义返回值的类型。与 SUB 不同,调用 FUNCTION 不需要 CALL 指令。同样,FUNCTION 作用范围默认是该示教程序,如果要在其他地方调用,需要在子程序头前添加 PUBLIC 关键字。

指令语法：

```
FUNCTION<NAME> ({PARAMETERS})AS<RETURN TYPE> {LOCAL VARIABLE DECLARA-
TION}
    {FUNCTION CODE}
END FUNCTION
```

指令参数(可选)：

<NAME>为 FUNCTION 的名字,{PARAMETERS}为 FUNCTION 的参数(如果 FUNCTION 的声明里指出需要参数)。

指令示例：

```
PROGRAM
    DIM I AS LONG=- 1
    …
    I=ADD1(5)
```

...

END PROGRAM

FUNCTION ADD1(BYVAL A AS LONG)AS LONG

ADD1=A+ 1

END FUNCTION

如上述所示,FUNCTION 子程序通过表达式的方式来调用。定义一个 LONG 型变量 I,用它来接收 ADD1 的返回值。

五、程序控制指令

1. PROGRAM…END PROGRAM

指令说明:

该指令用来定义主程序结构。

指令语法:

PROGRAM

<CODE TO EXECUTE>

END PROGRAM

指令示例:

DIM SHARED VAR1 AS LONG

PROGRAM

DIM I AS LONG

    FOR I=1 TO 10

        VAR1=VAR1+1

    NEXT I

END PROGRAM

2. WITH…END WITH

指令说明:

该指令的作用是设定当前默认的运动对象。在 WITH…END WITH 关键字中间区域的操作对象都为 WITH 后面设定的对象。

指令语法:

WITH<ELEMENT NAME>

    <STATEMENTS>

END WITH

指令示例:

A1.VMAX=5000

A1.VORD=5000

A1.VCRUISE=3000

A1.PESETTLE=10

A1.VMAX=0.01

MOVE A1 100

使用 WITH 指令指定当前默认运动对象为 A1 后,上述代码可以替换为

```
WITH A1
    VMAX=5000
    VORD=5000
    VCRUISE=3000
    PESETTLE=10
    VMAX=0.01
END WITH
```

可以看到，WITH 指令可以简化编程。另外，WITH 指令不能嵌套使用，即不能在 WITH 指令区域里面再使用另外一个 WITH 指令，这样会导致报错。

3. ATTACH…DETACH

指令说明：

ATTACH 指令用来将运动对象绑定到该任务上，绑定的作用是防止其他任务操作该对象，DETACH 用来将已绑定的对象解绑定。

指令语法：

```
ATTACH<ELEMENT NAME>
    <STATEMENTS>
DETACH
```

指令示例：

```
PROGRAM
ATTACH ROBOT
  MOVE ROBOT P1
  MOVE ROBOT P2
DETACH ROBOT
END PROGRAM
```

六、延时指令

1. DELAY

指令说明：

DELAY 指令用来使机器人的运动延时，最小延时时间为 2，单位 ms。

指令语法：

```
DELAY<MOTIONELEMENT> <DELAYTIME>
```

指令示例：

```
PROGRAM
WITH ROBOT
    ATTACH ROBOT
        MOVE ROBOT P2
        DELAY ROBOT 2 '延时 2 ms
        PRINT "ROBOT IS STOPPED"
    DETACH
END WITH
END PROGRAM
```

如上述示例所示,程序首先执行 MOVE 指令,控制机器人 ROBOT 从当前点移动到目标点 P2,等到机器人移动到 P2 点后开始执行 DELAY 指令,2 ms 后打印输出"ROBOT IS STOPPED"。

2. SLEEP

指令说明:

SLEEP 指令的作用是使程序(任务)的执行延时,最短延时时间为 1,单位 ms。

指令语法:

SLEEP<TIME>

指令示例:

```
PROGRAM
WITH ROBOT
    ATTACH ROBOT
        MOVE ROBOT P2     '假设该运动的持续时间为 200 ms
SLEEP 100                 '延时 100 ms
D_OUT[25]=ON
    DETACH
END WITH
END PROGRAM
```

如上述示例所示,MOVE 指令开始执行的同时,SLEEP 指令也开始执行,假设 MOVE 指令执行完(机器人运动到 P2 点)的时间要 200 ms,那么,MOVE 指令执行了 100 ms 后,D_OUT[25]就会输出 ON,此时机器人还未到 P2 点,等到机器人运动到 P2 点后,整个程序执行完毕。上面例子说明了华数机器人中存在运动指令和逻辑指令同时执行的情况,也就是机器人还未到达 P2 点时,信号就输出的情形。

3. DELAY 与 SLEEP 的用法

在华数Ⅱ型控制系统中,存在运动指令(MOVE、MOVES、CIRCLE)和非运动指令(除运动指令之外的指令)两种类型的指令。这两种指令是并行执行的,并非执行完一条指令再执行下一条。请分析下列例子:

```
MOVE   ROBOT  P1
D_OUT[30]=ON
```

在这个例子中,第一条指令为运动指令,第二条指令为非运动指令。在系统中,这两条指令是并行执行的,也就是说,当机器人还未运动到 P1 点的时候,D_OUT[30]就有信号输出了。为了解决这个问题,需要控制系统执行完第一条指令后再执行下一条指令,此时就用 DELAY 指令。即等待运动对象 ROBOT 完成运动后再进行延时动作。所以上述例子应该改为:

```
MOVE   ROBOT   P1
DELAY   ROBOT   2
D_OUT[30]=ON
```

SLEEP 指令通常有两种应用场合。

第一种在循环中使用,请看如下例子:

```
WHILE D_IN[30]<> ON
```

```
SLEEP 10
END WHILE
```

这个例子是机器人等待 D_IN[30]的信号,若无信号则持续循环,等到信号后结束循环向下执行。由于循环中要一直扫描 D_IN[30]的值,所以循环体中必须加入 SLEEP 指令,否则控制器 CPU 容易过载出现异常报警。

SLEEP 应用的第二种场合是输出脉冲信号,请看如下例子:

```
D_OUT[30]=ON
SLEEP 100
D_OUT[30]=OFF
```

上述例子中,D_OUT[30]输出了一个宽度为 100 ms 的脉冲信号。其中必须加 SLEEP 指令,否则脉冲宽度太短导致实际上没有任何脉冲信号输出。

4. 如何防止信号提前发送

根据上面的知识可知,逻辑指令和运动指令是同时执行的,所以如果需要在程序中防止信号提前输出,应该加入 DELAY 指令,防止逻辑指令提前执行。如下例:

```
MOVE ROBOT P1
DELAY ROBOT 2
D_OUT[25]=ON
```

在运动指令 MOVE ROBOT P1 后面加上 DELAY ROBOT 2 即可防止机器人还没到达 P1 点时,D_OUT[25]就输出信号的情形出现。

七、循环指令

1. WHILE…END WHILE

指令说明:

该指令用来循环执行包含在其结构中的指令块,直到条件不成立后结束循环,通常用来阻塞程序,直到某条件成立后才继续执行。

指令语法:

```
WHILE<CONDITION>
      <CODE TO EXECUTE AS LONG AS CONDITION IS TRUE>
END WHILE
```

指令示例:

```
WHILE ROBOT.ISMOVING=1  'WAIT FOR PROFILER TO FINISH
        SLEEP 20
END WHILE


WHILE A2.VELOCITYFEEDBACK<1000
        PRINT "AXIS 2 VELOCITY FEEDBACK STILL UNDER 1000"
        SLEEP 1  'FREE THE CPU
END WHILE
```

如上所示,第一个例子是比较典型的运动控制循环,循环的条件是 ROBOT 组正处于运动过程中。该循环的功能是如果 ROBOT 正处于运动过程中,就将程序阻塞在该循环里面,直到 ROBOT 停止运动才跳出循环继续往下执行。第二个例子使用 A2 的反馈速度作为条件,当 A2 的反馈速度低于 1000 时,执行循环内的打印及休眠语句,当 A2 的反馈速度大于或等于 1000 时,表达式不成立,此时就会跳出循环,继续执行后面的语句。需要注意的是,WHILE 循环执行过程中会完全占用 CPU 资源,需要在循环的最后加上 SLEEP 指令,以释放 CPU 资源给其他任务,避免因为 CPU 占用率过高而产生报警。注意:WHILE 指令和END WHILE 指令必须联合使用才能完成一个循环体。

2. FOR…NEXT

指令说明:

FOR 循环类似于 WHILE 循环,也是循环执行包含在其结构中的指令块,不同的是FOR 循环通常在指定程序块循环次数的情况下使用。

指令语法:

FOR<COUNTER> =<START VALUE> TO<END VALUE> {STEP<STEPSIZE> }
          {<LOOPSTATEMENTS> }
NEXT{<COUNTER> }

指令用例:

DIM I AS DOUBLE=0 '定义循环条件变量
FOR I= 1 TO 10 STEP 0.5
PRINT "I=";I
NEXT I
FOR I=1 TO 10
PRINT"I=";I
NEXT

如上示例所示代码,FOR 循环会打印出 1,1.5,2,2.5,3,…,9.5,10。STEP 以及关键字是可选的,如果没有 STEP 0.5,则循环打印出来的结果为 1,2,3,…,9,10。可以看到步进量(STEP 关键字后面跟的数字)可以是 double 类型,此时循环变量 I 也必须定义为 double 类型。

八、IO 指令

IO 指令包括了 D_IN 指令、D_OUT 指令、WAIT 指令、WAITUNTIL 指令、PLUSE 指令。D_IN,D_OUT 指令可用于给当前 IO 赋值为 ON 或者 OFF,也可用于在 D_IN 和 D_OUT 之间传值;WAIT 指令用于阻塞等待一个指定 IO 信号,可选 D_IN 和 D_OUT;WAITUNTIL 指令用于等待 IO 信号,超过设定时限后退出等待;PLUSE 指令用于产生脉冲。

1. D_IN、D_OUT

指令说明:

D_IN、D_OUT 指令可用于给当前 IO 赋值为 ON 或者 OFF,也可用于在 D_IN 和 D_OUT 之间传值。

指令语法:

D_IN[I]=ON/OFF　D_OUT[I]=ON/OFF

指令示例:

D_IN[8]=ON
D_IN[9]=OFF
D_OUT[10]=ON

D_OUT[11]=OFF

2. WAIT 指令

指令说明：

该指令用于等待某一指定的输入或输出的状态等于设定值。若指定的输入或输出的状态不满足，程序会一直阻塞在该指令行，直到满足为止。

指令语法：

CALL WAIT(<IN/OUT>,<ON|OFF>)

指令示例：

```
PROGRAM
D_OUT[1]=OFF
CALL WAIT(D_OUT[1],ON)
PRINT "D_OUT[1]=ON"
END PROGRAM
```

如上述示例所示，WAIT 指令需要使用 CALL 指令来调用。WAIT 指令的第一个参数为 IO，第二个参数为该 IO 的状态的期望值。程序中设定 D_OUT[1]为关闭状态后，程序会阻塞在该处，等待 D_OUT[1]再次打开，手动将 D_OUT[1]的状态置为"ON"后，该指令返回，程序继续执行打印操作。

3. WAITUNTIL 指令

指令说明：

该指令类似于 WAIT 指令，不同之处是增加了延时时间参数以及延时标识。当指令等待 IO 状态超过设定时间时，该指令不管 IO 的状态是否满足，直接返回，并置延时标识为"TRUE"。

指令语法：

CALL WAITUNTIL(<IN|OUT>,<ON|OFF>,<TIME>,<FLAG>)

指令用例：

```
PROGRAM
DIM FLAG AS LONG=FALSE
D_OUT[1]=OFF
CALL WAITUNTIL(D_OUT[1],ON,3000,FLAG)
IF FLAG= TRUE THEN
PRINT "D_OUT[1]=OFF"
ELSE
    PRINT "D_OUT[1]=ON"
END IF
END PROGRAM
```

如上述示例所示，程序首先复位了 D_OUT[1]的状态，然后执行 WAITUNTIL 指令。该指令会判断 D_OUT[1]的状态是否为设定的状态，且等待时间为 3000 ms，FLAG 的值用于判断 3000 ms 的时间是否达到，即判断是否超时，超时则为"TRUE"，不超时则该值为"FALSE"。如果在 3000 ms 之内，D_OUT[1]的状态切到"ON"，则指令立即返回，且超时标志位 FLAG 标识为"FALSE"，程序打印"D_OUT[1]=ON"；如果 D_OUT[1]一直处于

OFF 状态,那么 3000 ms 过后,跳出等待,指令返回,超时标志位 FLAG 的值为"TRUE",此时程序会打印"D_OUT[1]＝OFF"。注意:超时标志位的值与定义时使用的初始值有关。本例中定义 FLAG 变量时,采用的初始值是默认的 FALSE。DIM FLAG AS LONG＝FALSE 中"＝FALSE"也可省略,系统默认初始值为 0,即可以改为 DIM FLAG AS LONG。

4. PULSE 指令

指令说明:

PULSE 指令的作用是输出一个固定时间长度的 IO 脉冲,仅用于 D_OUT。

指令语法:

CALL PULSE(<INDEX> ,<TIME>)

指令示例:

```
PROGRAM
D_OUT[1]=OFF
CALL PULSE(1,500)
END PROGRAM
```

如上述示例所示,程序首先将 D_OUT[1]复位,接着调用 PULSE 指令。此时 PULSE 会将 D_OUT[1]的状态置为"ON",并且保持 500 ms,然后将 D_OUT[1]的状态置为"OFF"。

九、变量声明

1. 全局变量声明指令

COMMON SHARED…AS…

DIM SHARED…AS…

指令说明:

COMMON SHARED 关键字定义的全局变量对其他文件可见,DIM SHARED 关键字定义的全局变量仅对定义它的那个文件可见。

指令语法:

COMMON SHARED | DIM SHARED<VARIABLE_NAME> AS<VARIABLE_TYPE> {=<VALUE> }

指令示例:

```
COMMON SHARED I AS LONG=0
DIM SHARED J AS DOUBLE
PROGRAM
 ⋮
END PROGRAM
```

如上述示例所示,COMMON SHARED 关键字和 DIM SHARED 关键字定义的变量放在程序文件的开头位置(PROGRAM 关键字的上方)。不允许在 PROGRAM 结构中定义 SHARED 变量。

2. 局部变量声明指令

DIM…AS…

指令说明:

DIM 关键字定义的变量仅在定义该变量的程序块中可见。

指令语法：

DIM<VARIABLE_NAME> AS<VARIABLE_TYPE> {= <VALUE> }

指令示例：

```
PROGRAM
DIM K AS STRING
K= "ABC"
END PROGRAM
SUB TESTSUB
DIM L AS LONG
END SUB
```

如上述示例所示，DIM 关键字定义的变量必须放在程序结构中，例如 PROGRAM…END PROGRAM，SUB…END SUB，FUNCTION…END FUNCTION 中。且定义的位置必须紧跟 PROGRAM、SUB、FUNCTION 关键字的下一行，不允许在程序结构的其他位置定义局部变量。

十、寄存器指令

华数Ⅱ型系统中预先定义了几组不同类型的寄存器供使用。其中包括整型的 IR 寄存器、浮点型的 DR 寄存器、笛卡尔坐标类型的 LR 寄存器、关节坐标类型的 JR 寄存器。其中 IR 与 DR 寄存器有 200 个可供使用，LR 与 JR 寄存器有 1000 个，寄存器设置格式为目的寄存器＝操作数 1＋操作数 2＋…＋操作数 N，其中操作数可以为寄存器，也可以为数值。

寄存器里面包含了 LR、JR、DR、IR、SAVE 指令，SAVE 指令用于保存寄存器的值，例如 TOOL_FRAME、IR、DR 等寄存器。

寄存器可以直接在程序中使用。一般情况下，将预先需要设定的值手动设置在对应的寄存器中。例如，在手动示教时，将示教点位手动保存在 LR 或 JR 寄存器中，然后编程时直接使用：

```
PROGRAM
WITH ROBOT
    ATTACH ROBOT
        MOVE ROBOT JR[1]
        MOVE ROBOT JR[2]
    WHILE TRUE
        MOVES ROBOT LR[1]
        MOVES ROBOT LR[2]
        IF IR[1]= 0 THEN
            GOTO END_PROG
        END IF
        SLEEP 10
    END WHILE
END_PROG
    DETACH ROBOT
END WITH
END PROGRAM
```

如上述示例所示,在程序中可以直接使用预先设定好的寄存器值。使用这种方式编程可以很好地解决点位的调整以及保存等问题。另外,通过 IR 或 DR 寄存器来进行某些条件判断也是很好的辅助程序控制手段,比使用 IO 点位更加简单方便。

十一、速度指令

速度指令用于在程序运行时通过设置机器人的 VCRUISE 值或者 VTRAN 值来指定机器人的运行速度。其作用范围为程序中不指定运行速度的程序行。

指令如下:

ROBOT.VCRUISE= 180　'机器人的关节速度是 180°/s,对 MOVE 有效

ROBOT.VTRAN=800　' 机器人的直线速度和圆弧速度是 800 mm/s,对 MOVES 和 CIRCLE 有效

注意:使用速度指令时,指令后面的数值应该在最大值以内,如果指定的数值超过系统设定的速度的最大值,则该值不生效,以系统能达到的最大值运行。可通过变量窗口查看速度的最大值,查看 VMTRAN、VMAX 即可得知系统直线速度的最大值和关节速度的最大值。

十二、坐标系指令

指令说明:

坐标系指令分为基坐标系 BASE 指令和工具坐标系 TOOL 指令,在程序中可选择定义的坐标系编号,在程序中切换坐标系。

指令语法:

CALL SETTOOLNUM(<INDEX>)CALL SETBASENUM(<INDEX>)

指令示例:

```
PROGRAM
WHILE TRUE
CALL SETTOOLNUM(0)
MOVE ROBOT JR[1]
MOVE ROBOT JR[2]
CALL SETTOOLNUM(3)
MOVE ROBOT LR[6]
MOVE ROBOT LR[4]
MOVES ROBOT LR[6]
CALL SETTOOLNUM(0)
MOVE ROBOT JR[2]
MOVE ROBOT JR[1]
END PROGRAM
```

十三、事件指令(中断处理指令)

事件指令即中断处理指令,通常需要几条指令配合使用,其指令集和每条指令的说明如下:

1. 事件处理指令集

ONEVENT　　　事件定义指令

EVENTON　　　激活事件

EVENTOFF　　　关闭事件

2. ONEVENT…END ONEVENT

指令说明：

该指令为事件定义指令，指定了当事件触发后所要执行的操作，PRIORITY 和 SCANTIME 为可选属性，前者定义了该事件的优先级，默认为最高的 1，后者定义了扫描周期，默认为总线周期的 1 倍。一般优先级及扫描周期使用默认值即可。

指令语法：

ONEVENT<EVENT> {<CONDITION> }{PRIORITY=<PRIORITY> }{SCANTIME=<TIME> }

< COMMAND BLOCK THAT DEFINES THE ACTION>

END ONEVENT

指令示例：

ONEVENT EV1 D_IN[1]=1　'TRIGGER EVENT WHEN INPUT 1 IS 1

PRINT "THIS IS EVENT 1"

　　EVENTOFF EV1

END ONEVENT

如上述示例所示，程序中定义了一个名为 EV1 的事件，该事件的触发条件为 D_IN[1]=1。当事件被激活后，系统会周期性扫描 D_IN[1]的值，一旦 D_IN[1]的值满足触发条件，程序就会跳转到 ONEVENT 指令定义的事件中，执行里面的操作。完成后返回到程序之前执行的位置继续往下执行。需要注意的是事件的触发条件不能使用局部变量，且 ONEVENT 不能在 IF、WHILE 或者其他循环中定义。

3. EVENTON

指令说明：

该指令用来激活某个指定事件，系统开始对该事件的触发条件进行扫描。

指令语法：

EVENTON<EVENT>

指令示例：

见中断指令的使用及示例。

4. EVENTOFF

指令说明：

该指令用来关闭某个指定事件，停止系统对其触发条件的扫描。

指令语法：

EVENTOFF<EVENT>

指令示例：

见中断指令的使用及示例。

5. 中断指令的使用及示例

一个事件指令(中断指令)的使用示例如下：

```
PROGRAM
ONEVENT EV1 D_IN[9]=1    '中断处理,触发条件为 D_IN[9]=1,进入中断处理程序
EVENTOFF EV1             '中断触发后可关闭中断,待下一个循环再打开中断
STOP ROBOT              '停止机器人当前运动
PROCEED ROBOT PROCEEDTYPE=CLEARMOTION
MOVES ROBOT  # {0,0,100,0,0,0}ABS= 0 VTRAN=100   '原地直线抬高 100 mm
SLEEP 200
END ONEVENT            '中断处理结束
WITH ROBOT
ATTACH ROBOT
ATTACH EXT_AXES
BLENDINGMETHOD= 2
WHILE TRUE
EVENTON EV1           '开启中断 EV1,一旦条件触发便进入 ONEVENT 处执行
MOVE ROBOT P2         '机器人运动到 P2 点
MOVE ROBOT P3         '机器人运动到 P3 点
SLEEP 100
END WHILE
DETACH ROBOT
DETACH EXT_AXES
END WITH
END PROGRAM
```

十四、手动指令

手动指令主要用于手动输入命令行,便于输入和处理一些示教器上指令列表中没有的指令,如图 2-83 所示使用手动指令应该注意使用英文输入,符号例如:[],{}都应为英文格式的,否则会报语法错误。

操作步骤:

①选中需要插入手动指令的上一行。

②输入指令。

③点击操作栏中的确定按钮,完成指令的添加。

图 2-83　手动指令

项目实训

1. 机器人上电

将机器人电气控制柜面板上的"电源开关"旋钮旋至"ON"挡即可将机器人上电,上电后机器人示教器进入初始化,当示教器状态栏显示"等待",网络连接状态为绿色后即可对机器

人进行操作,如图 2-84 所示。

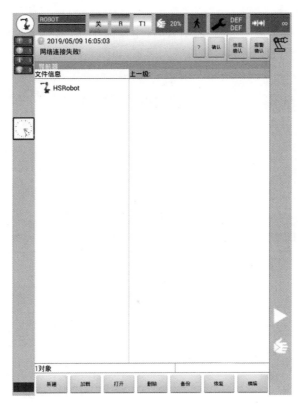

图 2-84　示教器通信状态

2. 机器人手动运行

(1) 使用机器人示教器,手动运行模式"T1",如图 2-85 所示选择坐标模式为"轴坐标系",手动运行 A1～A6 轴,掌握每个轴的正负运动方向,注意运动速度不宜调得过快。

图 2-85　选择坐标模式

(2) 分别选择坐标模式世界坐标系、工具坐标系来运行,熟悉机器人手动控制运动方式。

3. 机器人回零操作

确保机器人在回零之前不会与其他物体发生碰撞干涉,通过变量列表选择"JR[1]",通过修改界面,点击"move 到点"即可将机器人回零,如图 2-86 所示。

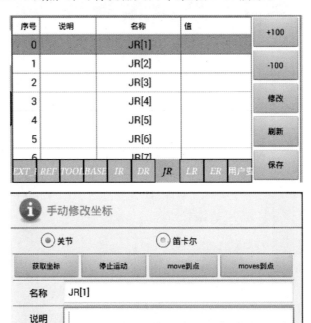

图 2-86　JR[1]修改回零操作

4. 机器人软限位记录及超限位解除方法

(1) 在轴坐标下转动各个轴至正负限位,记录下各个轴的行程,如表 2-15 所示,在运动中注意安全,防止机器人碰到其他物体。

表 2-15　各轴的行程

轴名	A1	A2	A3	A4	A5	A6
正限位						
负限位						

(2) 运动到每个轴的软限位后,记下数值后及时反方向移动轴,解除限位报警。

(3) 在机器人运动中限位超过设定值时,软限位超程解除前需要 SUPER 权限。在菜单中,点击"投入运行"→"软件限位开关",弹出软限位开关界面如图 2-87 所示。

点击超过软限位轴的那一行,可以设置对应轴的软限位数据。将使能开关关闭,如图 2-88所示,限位不生效,点击"确定"并点击图 2-87 中右侧"保存"按钮,然后将超过软限位的轴向反方向移动,即可解除软限位超程。解除软限位超程后必须立即将使能开关打开,否则限位不生效,可能会发生机器人机械部位碰撞或损坏。

5. 工具坐标系标定

按下菜单键,点击"投入运行"→"测量"→"工具坐标"→"4 点法",标定一个工具坐标TOOL1。完成后,检验标定是否正确。

图 2-87　软限位开关界面

图 2-88　软限位设置界面

6. 基坐标系标定

点击"菜单"→"投入运行"→"测量"→"基坐标"→"3 点法",标定一个基坐标 BASE1。完成后,检验标定是否正确。

7. 手动控制末端夹具的动作

通过示教器辅助按键,手动控制机器人末端吸盘的吸取与释放状态、喷嘴的打开与关闭、激光笔的打开与关闭。工业机器人夹具 IO 地址信息见附录 A。

8. 程序示教

使用机器人示教器,在示教编程界面新建程序,打开新建程序完成以下操作。

①选择需要在其后添加代码的一行,插入指令。

②选择需要更改的一行代码,进行更改指令。

③保存当前位置到运动指令。

④选中具有点位信息的代码行,实现运动到点功能。

⑤编写一个简单程序,进行检查并排除程序错误信息。

⑥对编写好的程序进行手动单步调试。

9. 搬运示教编程

根据要求编写相应程序,将传送带工件上的圆形工件搬运到立体仓库进行示教编程。编写相应程序时所需要的夹具 IO 地址等信息见附录 A。

要求:

①工作流程的起始点为机器人零点位置;

②选择合适的夹具进行示教搬运;

③手动将圆形工件放到传送带工件最终停止识别位置上;

④工业机器人自动完成夹具的抓取动作;

⑤工业机器人利用夹具,从传送带工件最终停止识别位置依次抓取圆形工件放入立体仓库。

10. 码垛示教编程

根据要求编写相应程序,逐一将立体仓库中的工件搬运到码垛工作台进行码垛示教编程。编写相应程序时所需要的夹具 IO 地址等信息见附录 A。

要求:

①工作流程的起始点为机器人零点位置;

②选择合适的夹具进行码垛;

③工业机器人自动完成夹具的抓取动作;

④工业机器人利用夹具,从立体仓库中依次抓取工件摆放到码垛平台进行码垛,码垛样式要求如图 2-89 所示。

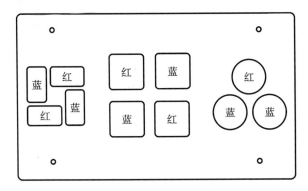

图 2-89　码垛样式示意图

思考与练习题

1. 简述华数Ⅱ型机器人的组成。

2. 简述工业机器人软限位设置的方法。

3. 简述工业机器校准的步骤。

4. 如何标定工具坐标和基坐标?

5. 简述机器人在不同坐标系下运动的区别。

6. 机器人指令有哪些? 写出指令格式并给出用法举例。

7. 简述机器人示教编程的基本操作。

项目三　工业机器人视觉系统调试与应用

任务一　视觉系统的组成与工作原理

任务目标

◆ 能认识视觉系统的各个组成部分；
◆ 理解视觉系统的工作原理。

知识目标

◆ 掌握视觉系统的组成；
◆ 了解视觉系统的工作原理。

能力目标

◆ 能够识别视觉系统的各个组成部分；
◆ 能够说出视觉系统各个组成部分所起的作用。

任务描述

本任务将介绍机器视觉系统的工作原理、组成及功能。

知识准备

一、机器视觉概述

机器视觉系统就是利用机器代替人眼，使机器人具有像人一样的视觉功能，从而实现各种检测、判断、识别、测量等功能。它是计算科学的一个重要分支，它综合了光学、机械、电子、计算机软硬件等方面的技术，涉及计算机、图像处理、模式识别、人工智能、信号处理、光机电一体化等多个领域。图像处理和模式识别等技术的快速发展，也大大地推动了视觉的发展。

二、机器视觉系统工作过程

机器视觉系统通过图像采集硬件（相机、镜头、光源等）将被摄取目标转换成图像信号，并传送给专用的图像处理系统。图像处理系统根据像素亮度、颜色分布等信息，对目标进行特征抽取，并作出相应判断，最终将处理结果输出到执行单元进行使用，简单地说，就是进行图像采集、图像处理，传输图像处理结果。

机器视觉系统的工作流程，主要分为图像信息获取、图像信息处理和机电系统执行检测结果 3 个部分。根据系统需要还可以实时地通过人机界面进行参数设置和调整。

当被检测的对象运动到某一设定位置时会被位置传感器发现,位置传感器向 PLC 控制器发送"探测到被检测物体"的电脉冲信号,PLC 控制器经过计算得出何时物体将移动到机器视觉摄像机的采集位置,然后准确地向图像采集卡发送触发信号,采集卡检测到此信号后会立即要求机器视觉摄像机采集图像。被采集到的物体图像会以 BMP 文件格式送到工控机,系统调用专用的分析工具软件对图像进行分析处理,得出被检测对象是否符合预设要求的结论,根据"合格"或"不合格"信号,执行机构会对被检测物体作出相应的处理。系统如此循环工作,完成对被检测物体队列的连续处理,如图 3-1 所示。

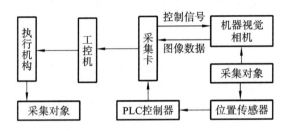

图 3-1　机器视觉系统工作原理

一个完整的机器视觉系统的主要工作过程如下。

①工件位置传感器探测到被检测物体已经运动到接近机器视觉相机系统的视野中心时,向机器视觉检测系统的图像采集单元发送触发脉冲。

②机器视觉系统的图像采集单元按照事先设定的程序和延时,分别向相机和照明系统发出触发脉冲。

③机器视觉相机停止目前的扫描,重新开始新的一帧扫描,或者机器视觉相机在触发脉冲来到之前处于等待状态,触发脉冲到来后启动一帧扫描。

④机器视觉相机开始新的一帧扫描之前打开电子快门,曝光时间可以事先设定。

⑤另一个触发脉冲打开灯光照明,灯光的开启时间应该与机器视觉相机的曝光时间相匹配。

⑥机器视觉相机曝光后,正式开始新一帧图像的扫描和输出。

⑦机器视觉系统的图像采集单元接收模拟视频信号,通过 A/D 转换器将其数字化,或者是直接接收机器视觉相机数字化后的数字视频信号。

⑧图像采集部分将数字图像存放在处理器或计算机的内存中。

⑨处理器对图像进行处理、分析、识别,获得测量结果或逻辑控制值。

⑩处理结果控制流水线的动作、进行定位、纠正运动的误差等。

从上述的工作流程可以看出,机器视觉系统是一种相对复杂的系统。大多监控和检测对象都是运动的物体,系统与运动物体的匹配和协调动作尤为重要,所以给系统各部分的动作时间和处理速度提出了严格的要求。在某些应用领域,例如机器人、飞行物体制导等,对整个系统或者系统的一部分的重量、体积和功耗等都会有严格的要求。

尽管机器视觉应用各异,但都包含以下几个过程。

①图像采集:光学系统采集图像,将图像转换成数字格式并传入计算机存储器。

②图像处理:处理器运用不同的算法来提高对检测有影响的图像因素。

③特征提取:处理器识别并量化图像的关键特征,例如位置、数量、面积等。然后将这些

数据传送到控制程序。

④判别和控制:处理器的控制程序根据接收到的数据信息得出结论。

三、机器视觉系统组成

一个典型的机器视觉系统组成包括:图像采集单元(光源、镜头、相机、采集卡、机械平台),图像处理分析单元(工控主机、图像处理分析软件、图形交互界面),执行单元(电传单元、机械单元)三大部分。

1. 图像采集单元

图像采集单元主要由光源、镜头、相机、采集卡及机械平台组成。以下主要介绍光源、镜头、相机、采集卡。

1)光源

光源是影响机器视觉系统输入的重要因素,光源直接影响图像的质量和效果。针对每个特定的应用案例,要选择相应的光源及打光方式,以达到最佳效果。光源是影响机器视觉系统输入的重要因素,它直接影响输入数据的质量和应用效果。由于没有通用的机器视觉光源设备,所以针对每个特定的应用实例,要选择相应的光源装置及打光方式,以达到最佳效果。

光源可分为可见光和不可见光。常用的几种可见光源是白炽灯、日光灯、水银灯和钠光灯。可见光对图像质量的影响在于其性能的稳定性。如何使光在一定的程度上保持稳定,是实用化过程中急需要解决的问题。另一方面,环境光有可能影响图像的质量,可采用加防护屏的方法来减少环境光的影响。

光源系统的照射方法可分为背向照明、前向照明、结构光照明和频闪光照明等。其中,背向照明的被测物放在光源和摄像机之间,它的优点是能获得高对比度的图像。前向照明的光源和摄像机位于被测物的同侧,这种方式便于安装。结构光照明是将光栅或线光源等投射到被测物上,根据它们产生的畸变解调出被测物的三维信息的照明。频闪光照明是将高频率的光脉冲照射到物体上,摄像机拍摄要求与光源同步的照明。

2)镜头

镜头相当于人眼的晶状体。如果没有晶状体,人眼看不到任何物体;如果没有镜头,摄像机就无法捕捉物体。在机器视觉系统中,镜头的主要作用是将成像目标聚焦在图像传感器的光敏面上。镜头的质量直接影响到机器视觉系统的整体性能,合理选择并安装镜头,是机器视觉系统设计的重要环节。

一般情况下,机器视觉系统中的镜头可进行如下分类。

按焦距分类:广角镜头、标准镜头、长焦镜头等。

按调焦方式分类:手动调焦镜头、自动调焦镜头等。

按光圈分类:手动光圈镜头、自动光圈镜头。

3)相机

相机的功能是将获取的光信号进行转换,然后传输至电脑。数字相机所采用的传感器主要有两大类:CCD和CMOS。其中CMOS传感器由于存在成像质量差、像敏单元尺寸小、填充率低、反应速度慢等缺点,应用范围较窄。目前,在机器视觉检测系统中,CCD相机因其具有体积小巧、性能可靠、清晰度高等优点得到了广泛使用。

按照不同的分类标准,CCD相机有着多种分类方式。

按成像色彩划分,可分为彩色相机和黑白相机。

按扫描制式划分,可分为线扫描相机和面扫描相机两种方式。其中,面扫描 CCD 相机又可分为隔行扫描相机和逐行扫描相机。

按分辨率划分,像素数在 38 万以下的为普通型相机,像素数在 38 万以上的为高分辨率型相机。

按 CCD 芯片尺寸大小划分,可分为 1/4、1/3、1/2、1 in(1 in=2.54 cm)相机。

按数据接口划分,可分为 USB 2.0 相机、USB 3.0 相机、1394A/B 相机、千兆网相机、Cameralink 相机、Coxpress 相机等。

4)采集卡

采集卡只是完整的机器视觉系统的一个部件,但是它扮演一个非常重要的角色。图像采集卡直接决定了镜头的接口:黑白或彩色、模拟或数字等。

比较典型的是 PCI 或 AGP 兼容的采集卡,可以将图像迅速地传送到计算机存储器进行处理。有些采集卡有内置的多路开关;有些采集卡有内置的数字输入以触发采集卡进行捕捉,当采集卡抓拍图像时数字输出口就触发闸门。

整个采集系统的核心在于如何去获取高质量的图像,而光源则是影响图像质量水平的重要因素。一份好的照明设计能够使我们得到一幅好的图像,从而改善整个系统的分辨率,简化软件的运算,而不合适的照明,则会引起很多问题。

好的图像应该具备如下条件:

①对比度明显,目标与背景的边缘清晰;

②背景尽量淡化而且均匀,不干扰图像处理;

③颜色真实,亮度适中,不过度曝光。

2.图像处理分析单元

图像处理分析单元的核心技术为图像处理算法,它包含图像增强、特征提取、图像识别等方面。通过图像处理与分析,从而实现产品质量的判断、尺寸测量等功能,并将结果信号传输到相应的硬件进行显示和执行。

3.图像采集单元、图像处理分析单元、执行单元之间的关系

①图像采集单元将图像信号传输给图像处理软件。

②执行单元发送处理图像命令,然后视觉控制系统获取当前图像,通过图像处理算法作出判断,得出结果。

③图像处理分析单元将处理的结果发送给主控系统。

任务二 视觉系统的调试

任务目标

◆ 理解视觉系统在工业机器人中所起的作用;

◆ 掌握视觉系统的操作与调试。

知识目标

◆ 了解视觉系统的安装与连接；
◆ 掌握视觉系统的标定与模板创建。

能力目标

◆ 能够正确创建视觉系统的视觉工具；
◆ 能够正确创建视觉系统的标定；
◆ 能够实现视觉系统与机器人的调试。

任务描述

本任务将介绍工业机器人职业技能平台上视觉系统的连接、操作和调试，使读者能够正确完成视觉系统的调试。

知识准备

一、视觉引导系统的作用和原理

在来料位置不固定，来料型号多样化并且颜色有差异时，通过视觉系统，可以识别来料型号、颜色并定位到来料坐标，引导机器人将来料放置在指定区域。

视觉软件通过多点标定的方法，建立图像坐标系与机器人坐标系的关系。使用颜色查找的工具来识别物体颜色。通过模板匹配的方法，定位到目标物的坐标并传送给机器人控制器，引导机器人抓取已定位到的目标。

二、软件运行环境和连接

1. 软件运行环境

（1）Window 7 系统

（2）安装 VisionMaster 2.2.0 软件算法平台和加密狗驱动。

（3）安装 MVS 相机驱动程序。

2. 相机的连接

（1）相机接上电源，网线插入电脑中的网口（相机的网线不能接在交换机中）。

（2）与相机相连的网口为自动获取 IP 地址。

（3）双击打开 MVS 相机驱动程序，正常相机出厂设置为自动获取 IP，此时在 MVS 的设备的 Gige 列表中会出现相机的名称。

（4）点击菜单栏的"工具"菜单中的"IP 配置"工具，进入配置界面，将相机 IP 设置为自动获取 IP（DHCP），然后保存参数。

备注：

①如果列表中没有相机的型号，则表示相机与电脑的物理连接没有连上。

②如果列表中相机的型号前出现黄色感叹号，则表示相机的 IP 和与其相连的网口的 IP 地址不在同一个网段。

③如果列表中相机的型号前有一个相机图案，则表示相机与电脑连接成功。

④相机的本地连接的巨型帧要设置为 9KB MTU（"本地连接"→"属性"→"配置"→"高级"→"巨型帧"）。

三、软件界面介绍

双击图标![图标]打开视觉检测软件,软件界面包括图像显示区、日志消息区和功能菜单区,软件界面如图 3-2 所示。

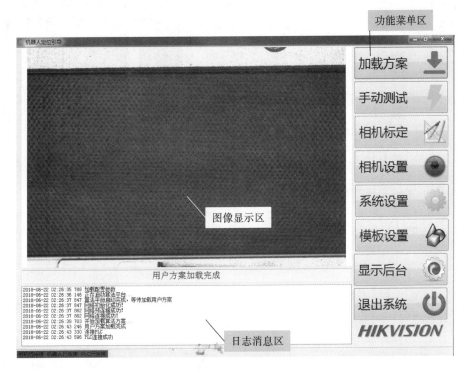

图 3-2　视觉软件界面

功能菜单区包括以下几部分。

①加载方案:方案加载完成后,显示相机、机器人、PLC 已连接,系统可自动运行。

②手动测试:进行检测,识别物体的颜色、形状和位置坐标,并将数据信息写入 PLC 和机器人的寄存器。

③相机标定:软件切换成视觉标定界面,建立图像坐标系与机器人坐标系之间的联系,记录机器人取料姿态。

④相机设置:设置相机的曝光参数、增益和图像显示方式。

⑤系统设置:设置平台与方案的路径,设置与机器人和 PLC 连接的通信参数。

⑥模板设置:软件切换到模板配置界面,可以对模板、颜色识别进行参数设置。

⑦显示后台:可以进入软件后台对检测方案进行修改。

⑧退出系统:退出当前软件界面。

四、相机标定

1. 标定前的准备

①先将工业机器人以吸嘴为中心,标定一个工具坐标系。

②让机器人吸取一把直尺(或类似直尺的物体),使其出现在相机的视野中,通过改变机器人 Z 轴的高度,使直尺的上表面与待检测的物料的上表面平齐。

③将机器人示教器中的坐标系切换成标定好的工具坐标系,并选择世界坐标系。

2. 标定的步骤

点击视觉软件的"相机标定"按钮,进入到标定界面,如图 3-3 所示。

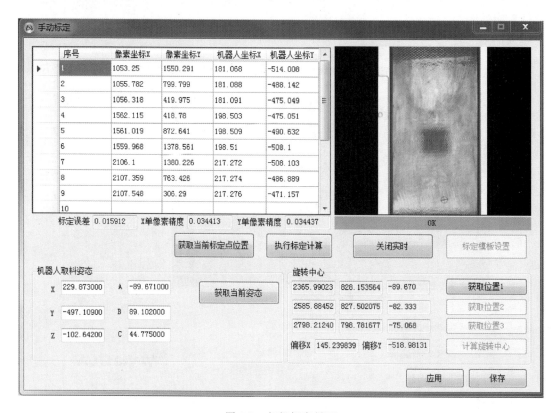

图 3-3　相机标定界面

相机标定界面包括九点标定、旋转中心和机器人取料姿态三部分,具体标定步骤如下。

①关闭实时。将标定板 mark 点移动到位后,关闭实时才能进入标定模板设置。

②标定模板设置。进入标定模板设置界面设置标定模板。

③获取当前标定点位置。九点标定获取九个位置的物理坐标与像素坐标。

④执行标定计算。计算出标定质量、标定误差以及单像素精度。

⑤旋转中心标定。获取三个位置计算旋转中心。

⑥示教一个标准取料位置,获取机器取料姿态。

⑦九点标定、旋转中心标定和机器人取料姿态全部完成后,点击"应用"→"保存"并退出。

3. 标定模板制作

点击"模板设置",弹出标定模板界面,点击"特征模板",进入到模板配置界面,选择合适的轮廓,框选出特征 mark 点,然后点击"生成模型",得出 mark 点轮廓后点击"确定"并退出,如图 3-4、图 3-5 所示。

4. 九点标定

标定模板配置完成后,点击"获取当前标定点位置"来获取移动机器人在图像上的九个位置的像素坐标和机器人坐标。坐标获取后点击"执行标定计算",得出标定参数,如图 3-6 所示。

图 3-4　标定模板界面

图 3-5　标定配置界面

5. 旋转中心的标定

旋转中心需要在九点标定完成后再来进行。机械手绕着吸嘴依次旋转任意角度三次，分别点击"获取位置 1""获取位置 2""获取位置 3"，如图 3-7、图 3-8、图 3-9 所示，获取好位置后点击"计算旋转中心"，就可以得出吸嘴中心偏移量，在旋转中心标定时，一定要注意旋转角度正确。

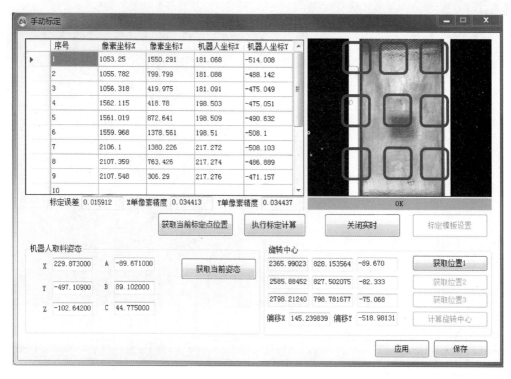

图 3-6　九点标定界面

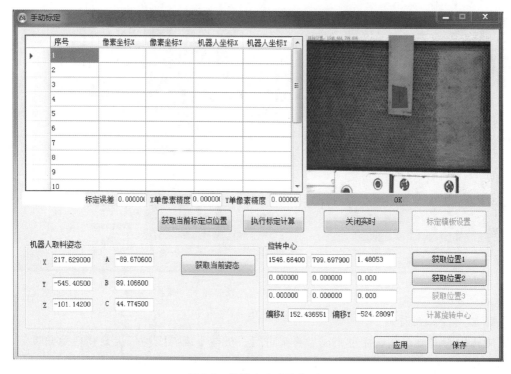

图 3-7　旋转中心获取位置 1

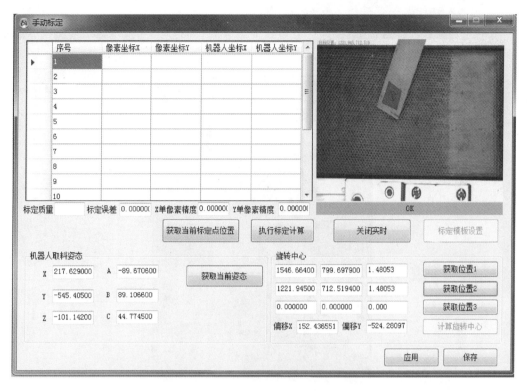

图 3-8 旋转中心获取位置 2

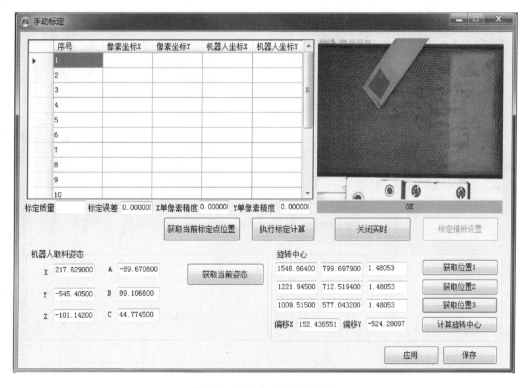

图 3-9 旋转中心获取位置 3

6. 机器人取料姿态

取一个物料放在传送带上,将其一边靠在传送带的一侧,调整机器人姿态,使吸嘴能吸取到物料,点击"获取当前姿态",如图 3-10、图 3-11 所示。

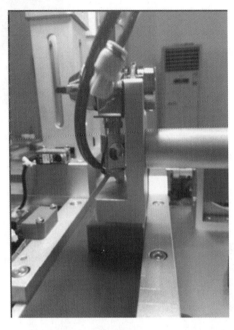

图 3-10　机器人取料姿态

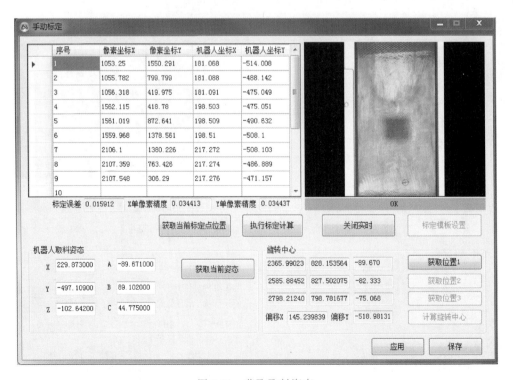

图 3-11　获取取料姿态

标定过程中的注意事项如下。

①机器人吸取的标定物上表面必须与待测物料的上表面平齐。

②在机器人移动的过程中,被吸着的标定物一定不能与吸嘴发生相对移动。

③一定要按照九点标定→旋转中心标定→机器人取料姿态的顺序操作。

五、相机设置

点击"相机设置",弹出如图 3-12 所示界面,相机设置界面包括相机的曝光时间、增益调节、触发模式和图像显示方式等参数。

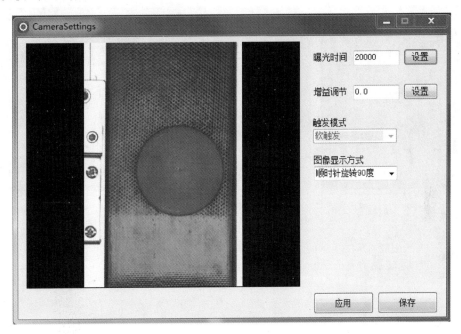

图 3-12 相机设置界面

六、系统参数设置

"系统参数设置"界面如图 3-13 所示,系统参数设置包括算法平台路径与检测方案的路径设置,机器人与 PLC 的 IP 地址和端口号设置,在加载方案前需正确设置平台路径以及方

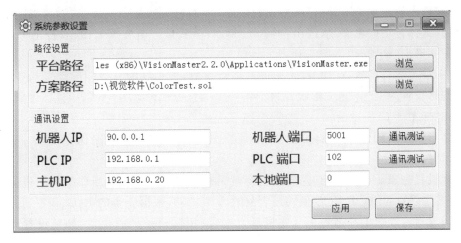

图 3-13 相机设置界面

案路径,通讯设置可以手动设置 IP 地址和端口号,设置好地址后,可点击"通讯测试"按钮来确定机器人、PLC 是否连接,将路径设置与通讯设置设置好后,点击"应用"→"保存",然后退出。

七、模板设置

模板设置界面如图 3-14 所示,包括模板创建和颜色识别设置。

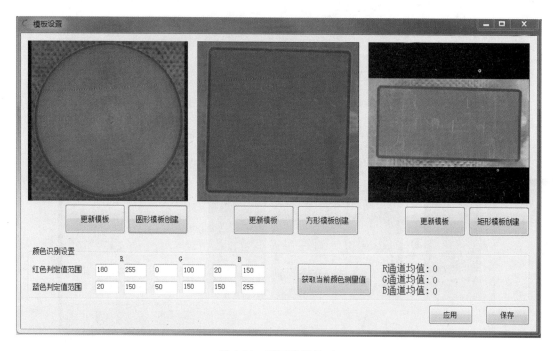

图 3-14　模板设置界面

1. 模板设置

模板设置界面包括圆形模板创建、方形模板创建、矩形模板创建,下面以圆形模板创建为例,介绍模板的设置。

点击"圆形模板创建",弹出"圆形模板创建"界面,点击"特征模板"选项卡,进入到模板配置界面,选择合适的轮廓,框选出特征 mark 点,然后点击生成模型图标,得出 mark 点轮廓后确定并退出,如图 3-15、图 3-16 所示。

然后点击"运行参数"选项卡,正确设置运行参数,最小匹配分数一般设置 0.8 以上,角度范围圆形设置为 $0°\sim0°$,正方形设置为 $-45°\sim45°$,长方形设置为 $-60°\sim60°$。设置完成,确定后退出,如图 3-17 所示。

三个形状模式创建完成后,更新模板,点击"应用"→"保存"按钮来保存方案。

2. 颜色设置

模板设置完成后,放一个红色或蓝色物料到视野中,点击"获取当前颜色测量值",得到 R、G、B 三通道的均值。R、G、B 值的最大范围为 $0\sim255$,根据获得的 R、G、B 三通道的均值来合理设置对应颜色的阈值范围。完成后点击"应用"、"保存"并退出,颜色设置界面如图 3-18 所示。

注:在设置、更改了模板或者颜色阈值后,都需要点击"应用"→"保存"按钮来保存方案。

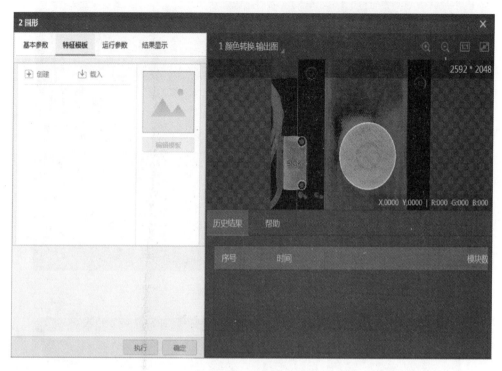

图 3-15　模板设置界面(1)

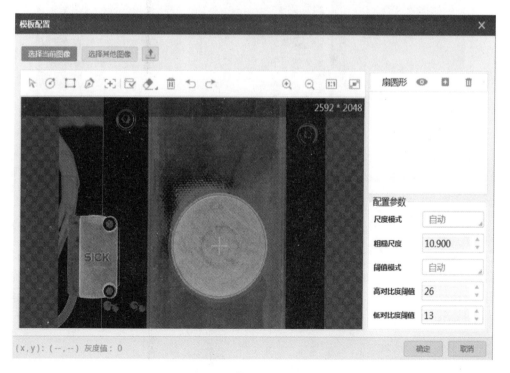

图 3-16　模板设置界面(2)

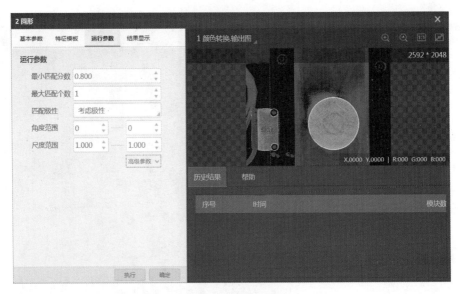

图 3-17　运行参数设置

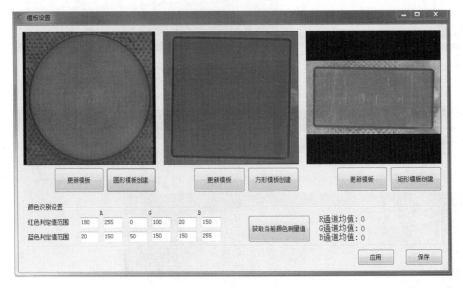

图 3-18　颜色识别设置界面

八、显示后台

点击"显示后台"后,会弹出如图 3-19 所示界面,选择账户登录后,会进入到后台编辑修改方案软件界面,如图 3-20 所示。在方案界面要对检测方案进行检查,看方案是否正确,否则会影响视觉系统的运行。

项目实训

1. 视觉软件的设定

打开视觉软件,进行系统设置,正确设置平台与方案的路径,正确设置机器人和 PLC 的通讯连接。打开"显示后台",进入软件后台对检测方案进行检查。

图 3-19　显示后台登录界面

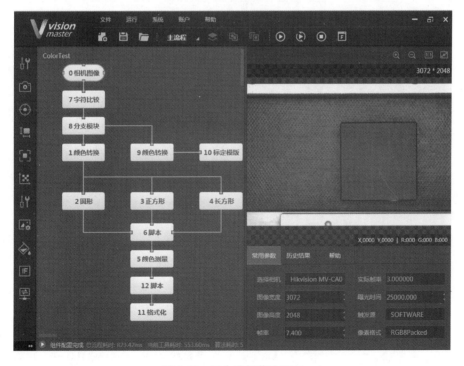

图 3-20　后台编辑修改界面

2. 视觉系统的视觉工具的创建

打开视觉软件的视觉工具界面,创建工件模板(圆形、方形、矩形)和工件颜色,完成创建后,在手动测试界面使智能视觉相机正确摄取图像信号,并在视觉软件界面显示出来。

3．视觉系统的标定

打开视觉软件的标定界面，依次完成九点标定、旋转中心标定和取料姿态获取，正确建立视觉系统的图像坐标系与机器人坐标系的联系。

4．视觉与机器人调试

通过视觉软件在手动测试下依次识别圆形、方形、矩形工件，手动运动机器人夹具准确送达物料。

思考与练习题

（1）简述智能视觉系统的组成和工作原理。

（2）简述视觉系统标定原理与标定方法。

（3）简述视觉系统模板与颜色的创建方法。

项目四　工业机器人离线编程与应用

任务一　工业机器人离线编程概述

任务目标

◆ 认识工业机器人离线编程的意义及重要性，理解离线编程是机器人智能化发展的必然性；

◆ 熟悉工业机器人离线编程的主要流程，了解各种工业机器人离线编程软件。

知识目标

◆ 了解离线编程的含义及发展现状；

◆ 掌握离线编程的基本原理。

能力目标

◆ 能够说出离线编程与示教编程的区别；

◆ 掌握离线编程的基本原理和组成。

任务描述

在使用离线编程软件之前，大家需要了解离线编程的基本组成及基本原理。本任务将介绍离线编程软件的定义、发展趋势、工作原理等，为下一步使用离线编程软件做好技术准备。

知识准备

一、机器人编程方式

随着人口红利的逐步减弱，人工成本的不断上涨，采用机器人替代人工已经成为制造企业的可行选择。目前，机器人广泛应用于焊接、装配、搬运、喷漆、打磨等领域。任务的复杂程度不断增加，对机器人编程的要求也更高。机器人的编程方式、编程效率和质量显得越来越重要。

目前，企业采用的机器人编程方式有两种：示教编程与离线编程。

1. 示教编程

示教编程，即操作人员通过示教器或者手动方式控制机器人的关节运动，让机器人按照一定的轨迹运动，机器人控制器记录动作，并可根据指令自动重复该动作。

目前，机器人示教编程主要应用于对精度要求不高的任务，如搬运、码垛、喷涂等领域，特点是轨迹简单、操作方便。有些场合甚至不需要使用示教器，而是直接由人手执固定在机器人末端的工具进行示教。但是当任务对精度要求较高时，示教编程则无法满足。

2. 离线编程

离线编程是通过软件在电脑里重建整个工作场景的三维虚拟环境，再根据加工工艺等相关需求，进行一系列操作，自动生成机器人的运动轨迹，即控制指令，然后在软件中仿真与调整轨迹，生成机器人执行程序，输入到机器人控制器中。

目前离线编程广泛应用于打磨、去毛刺、焊接、激光切割、数控加工等机器人新兴应用领域。离线编程克服了在线示教编程的很多缺点，与示教编程相比，离线编程系统具有如下优点。

①减少机器人停机的时间，当对下一个任务进行编程时，机器人可仍在生产线上工作；

②使编程者远离危险的工作环境，改善了编程环境；

③离线编程系统使用范围广，可以对各种机器人进行编程，并能方便地实现优化编程；

④便于和 CAD/CAM 系统结合，做到 CAD/CAM/ROBOTICS 一体化；

⑤可使用高级计算机编程语言对复杂任务进行编程；

⑥便于修改机器人程序。

示教编程与离线编程的比较如表 4-1 所示。

表 4-1　示教编程与离线编程的比较

示教编程	离线编程
需要实际机器人系统和工作环境	需要机器人系统的工作环境的图形模型
编程时机器人停止工作	编程时不影响机器人工作
在实际系统上试验程序	通过仿真试验程序
编程的质量取决于编程者的经验	可用 CAD 方法进行最佳轨迹规划
难以实现复杂的机器人运行轨迹	可实现复杂运行轨迹的编程

随着智能制造的推进，企业通过建立工厂的虚拟数字模型来进行生产线规划、生产过程可视化管理，这些方式促进了机器人离线编程，因为机器人的离线编程的第一步便是建立机器人系统的三维虚拟环境。借助智能制造的东风，机器人离线编程也将取得进一步的进展。

二、机器人离线编程系统的组成

1. 离线编程主要流程

机器人离线编程系统不仅要在计算机上建立起机器人系统的物理模型，而且要对其进行编程和动画仿真，以及对编程结果后置处理。首先建立待加工产品的 CAD 模型，以及机器人和产品之间的几何位置关系，然后根据特定的工艺进行轨迹规划和离线编程仿真，确认无误后输入到机器人控制器中执行。

机器人离线编程从狭义上指通过三维模型生成 NC 程序的过程，在概念上与数控加工离线编程类似，都必须经过标定、路径规划、运动仿真、后置处理几个步骤，如图 4-1 所示。一般而言，机器人离线编程可针对单个机器人或流水线上多个机器人进行。针对单个机器人工作单元的编程称为单元编程，针对流水线上多个机器人工作单元的编程称为流水线编程。本质上，流水线编程是由单元编程组成的，但是需要注意在各单元编程时设置好节拍。

2. 离线编程系统的组成

机器人离线编程系统主要包括操作界面、三维模型、运动学模型、轨迹规划算法、运动仿

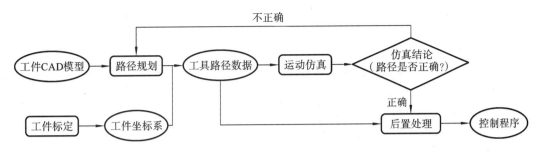

图 4-1　离线编程流程图

真、后置处理器、数据通信接口和机器人误差补偿,如图 4-2 所示。

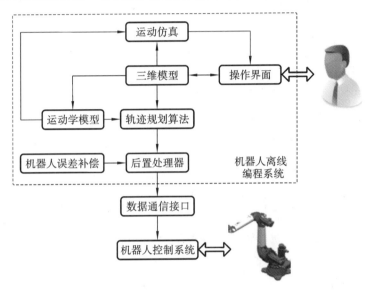

图 4-2　机器人离线编程系统的组成

1)操作界面

操作界面作为人机交互的唯一途径,必须支持必要参数的设定,同时将路径信息与仿真信息直观地显示给编程人员。

2)三维模型

三维模型是离线编程不可或缺的,路径规划和仿真都依托于已构建的机器人、工件、夹具及工具的三维模型,所以离线编程系统通常需要 CAD 系统的支持。目前的离线编程软件在 CAD 的集成模式上可分为三种:包含 CAD 功能的独立软件,支持 CAD 文件导入的独立软件,集成于 CAD 平台的功能模块。

3)运动学模型

运动学模型通常指机器人的正逆运动学计算模型,一般要求与机器人控制系统采用同样的算法,主要用于运动仿真的关节角度计算,以及用于后置处理中生成直接控制关节运动量的快速运动。

4)轨迹规划算法

轨迹规划算法包括离线编程软件对工具运动路径的规划及控制系统对 TCP 运动的规划。前者与工艺相关,由编程人员确定;后者与控制系统中轨迹插值和速度规划算法有关,不同厂家的控制系统路径规划算法差异很大。

5）运动仿真

运动仿真是检验轨迹合法性的必要过程和重要依据，编程人员需要根据仿真检查路径的正确性，及时避免刚体间的碰撞干涉。

6）数据通信接口

数据通信接口是指离线编程系统与机器人控制系统进行数据交换的方式，常见的有通过网线、USB 接口、CF 卡等。

7）机器人误差补偿

由于机器人连杆制造和装配的误差，以及刚度不足、环境温度变化等因素的影响，机器人的定位精度通常要比机床低很多，如 ABB IRB2400 的定位精度为 ＋1 mm，这可以通过标定误差、修正 NC 指令等措施予以改善。

三、离线编程软件主流厂商

常用离线编程软件可分为通用离线编程软件与厂家专用离线编程软件。通用离线编程软件厂商有：Robotmaster、RobotWorks、RobotCAD、DELMIA、RoboMove、RobotArt。厂家专用离线编程软件厂商有：ABB 的 RobotStudio、华数的 InteRobot、发那科的 RoboGuide、库卡的 KUKA Sim、安川的 MotoSim。

1. Robotmaster

Robotmaster 由加拿大软件公司 Jabez 科技（已被美国海宝公司收购）开发研制，支持市场上绝大多数机器人品牌（KUKA、ABB、Fanuc、Motoman、Staubli、柯马、三菱、电装、松下等），Robotmaster 基于 MasterCAM 二次开发，在 MasterCAM 中无缝集成了机器人编程、仿真和代码生成功能，提高了机器人编程速度。Robotmaster 为以下所有行业应用提供了理想的离线机器人编程解决方案：修整、3D 加工、去毛刺、抛光、焊接、点胶、研磨等。

优点：
- CAD/CAM 文件自动生成优化的轨迹；
- 自动解决奇点、碰撞、连接和范围限制问题；
- 独特的"点击拖曳"仿真环境，微调轨迹和过渡；
- 优化部件定位、工具倾斜度和有效控制外部轴；
- 针对可定制特定流程（如焊接、切割等）控制的应用屏幕。

缺点：暂时不支持多台机器人同时模拟仿真。

2. RobotWorks

RobotWorks 是基于 SolidWorks 二次开发的机器人离线编程仿真软件。主要功能如下。

（1）全面的数据接口：可通过 IGES、DXF、DWG、PrarSolid、Step、VDA、SAT 等标准接口进行数据转换。

（2）强大的编程能力：从输入 CAD 数据到输出机器人加工代码只需四步。

第一步：从 SolidWorks 创建或直接导入其他三维 CAD 数据，选取定义好的机器人工具与要加工的工件组合成装配体。所有装配夹具和工具客户均可以用 SolidWorks 自行创建调用。

第二步：RobotWorks 选取工具，然后直接选取曲面的边缘或者样条曲线进行加工产生数据点。

第三步：调用所需的机器人数据库，开始做碰撞检查和仿真，在每个数据点均可以自动修正，包含工具角度控制、引线设置、增加减少加工点、调整切割次序、在每个点增加工艺参数。

第四步：RobotWorks 自动产生各种机器人代码，包含笛卡尔坐标数据、关节坐标数据、工具与坐标系数据、加工工艺等，按照工艺要求保存为不同的代码。

（3）强大的工业机器人数据库：系统支持市场上主流的大多数的工业机器人，提供各大工业机器人各个型号的三维数模。

（4）完美的仿真模拟：独特的机器人加工仿真系统可对机器人手臂，工具与工件之间的运动进行自动碰撞检查、轴超限检查，自动删除不合格路径并调整，还可以自动优化路径，减少空跑时间。

（5）开放的工艺库定义：系统提供了完全开放的加工工艺指令文件库，大家可以按照自己的实际需求自行定义添加设置自己独特工艺，添加的任何指令都能输出到机器人加工数据里面。

缺点：RobotWorks 基于 SolidWorks 开发，SolidWorks 本身不带 CAM 功能，编程烦琐，机器人运动学规划策略智能化程度低。

优点：生成轨迹方式多样、支持多种机器人、支持外部轴。

3. Robcad

Robcad 是西门子旗下的软件，软件相当庞大，重点在生产线仿真。软件支持离线点焊、多台机器人仿真、非机器人运动机构仿真，精确的节拍仿真。Robcad 主要应用于产品生命周期中的概念设计和结构设计两个前期阶段。

其主要特点如下。

（1）与主流的 CAD 软件（如 NX、CATIA、IDEAS）无缝集成。

（2）实现工具工装、机器人和操作者的三维可视化。

（3）制造单元、测试以及编程的仿真。

Robcad 的主要功能如下。

（1）WorkcellandModeling：对白车身生产线进行设计、管理和信息控制。

（2）SpotandOLP：完成点焊工艺设计和离线编程。

（3）Human：实现人因工程分析。

（4）Application 中的 Paint、Arc、Laser 等模块：实现生产制造中喷涂、弧焊、激光加工、辊边等工艺的仿真验证及离线程序输出。

（5）Robcad 的 Paint 模块：喷漆的设计、优化和离线编程，其功能包括喷漆路线的自动生成、多种颜色喷漆厚度的仿真、喷漆过程的优化。

缺点：价格昂贵，离线功能较弱，Unix 移植过来的界面，人机界面不友好。

4. DELMIA

DELMIA 是达索旗下的 CAM 软件，是达索 PLM 的子系统，CATIA 是达索旗下的 CAD 软件。DELMIA 有 6 大模块（Robotics 解决方案只是其中之一），涵盖汽车领域的发动机、总装和白车身（Body-in-White），航空领域的机身装配、维修维护，以及一般制造业的制造工艺。

DELMIA 的机器人模块 Robotics 利用强大的 PPR 集成中枢快速进行机器人工作单元建立、仿真与验证，是一个完整的、可伸缩的、柔性的解决方案。使用 DELMIA 机器人模块，大家能够容易地实现以下操作。

（1）从可搜索的含有超过 400 种以上的机器人的资源目录中，下载机器人和其他的工具资源。

（2）利用工厂布置规划工程师所完成的工作。

（3）加入工作单元中工艺所需的资源，进一步细化布局。

缺点：DELMIA 属于专家型软件，操作难度太高。

5．RobotStudio

RobotStudio 是瑞士 ABB 公司配套的软件，是机器人本体商中软件做得很好的一款。RobotStudio 支持机器人的整个生命周期，使用图形化编程、编辑和调试机器人系统来创建机器人的运行，并模拟优化现有的机器人程序。

RobotStudio 包括如下功能。

（1）CAD 导入。可方便地导入各种主流 CAD 格式的数据，包括 IGES、STEP、VRML、VDAFS、ACIS 及 CATIA 等。机器人程序员可依据这些精确的数据编制精度更高的机器人程序，从而提高产品质量。

（2）AutoPath 功能。该功能通过使用待加工零件的 CAD 模型，仅在数分钟之内便可自动生成跟踪加工曲线所需的机器人位置（路径），而这项任务以往通常需要数小时甚至数天。

（3）程序编辑器。可生成机器人程序，使大家能够在 Windows 环境中离线开发或维护机器人程序，可显著缩短编程时间、改进程序结构。

（4）路径优化。如果程序包含接近奇异点的机器人动作，RobotStudio 可自动检测出来并发出报警，从而防止机器人在实际运行中发生这种现象。仿真监视器是一种用于机器人运动优化的可视工具，以红色线条显示可改进之处，以使机器人按照最有效方式运行。可以对 TCP 速度、加速度、奇异点或轴线等进行优化，缩短周期时间。

（5）可达性分析。通过 Autoreach 可自动进行可到达性分析，使用十分方便，可通过该功能任意移动机器人或工件，直到所有位置均可到达，在数分钟之内便可完成工作单元平面布置验证和优化。

（6）虚拟示教台。虚拟示教台是实际示教台的图形显示，其核心技术是 VirtualRobot。从本质上讲，所有可以在实际示教台上进行的工作都可以在虚拟示教台（QuickTeach TM）上完成，因而虚拟示教台是一种非常出色的教学和培训工具。

（7）事件表。事件表是一种用于验证程序的结构与逻辑的理想工具。程序执行期间，可通过该工具直接观察工作单元的 I/O 状态。可将 I/O 连接到仿真事件，实现工位内机器人及所有设备的仿真。该功能是一种十分理想的调试工具。

（8）碰撞检测。碰撞检测功能可避免设备碰撞造成的严重损失。选定检测对象后，RobotStudio 可自动监测并显示程序执行时这些对象是否会发生碰撞。

（9）VBA 功能。可采用 VBA 改进和扩充 RobotStudio 功能，根据具体需要开发功能强大的外接插件、宏，或订制界面。

（10）直接上传和下载。整个机器人程序无需任何转换便可直接下载到实际机器人系统，该功能得益于 ABB 的系统独有的 VirtualRobot 技术。

缺点就是只支持 ABB 公司的机器人。

6. RoboMove

RoboMove 来自意大利,因其公司名叫 QD,有时也直接将 RoboMove 称为 QD。Robo-Move 同样支持市面上大多数品牌的机器人,机器人加工轨迹由外部 CAM 导入,与其他软件不同的是,RoboMove 走的是私人订制路线。软件本身不带轨迹生成能力,只支持轨迹导入功能,需要借助 CATIA 或 UG 等 CAD 软件生成轨迹,然后由 RoboMove 来仿真。

缺点:需要操作者对机器人有较为深厚的理解,策略智能化程度与 Robotmaster 有较大差距。

7. RobotArt

RobotArt 是北京华航唯实出的一款国产离线编程软件。软件根据虚拟场景中的零件形状,自动生成加工轨迹,并且支持大部分主流机器人,如 ABB、KUKA、Fanuc、Yaskawa、Staubli、KEBA 系列、新时达、广数等。软件根据几何数模的拓扑信息生成机器人运动轨迹、轨迹仿真、路径优化、后置代码,同时集碰撞检测、场景渲染、动画输出于一体,可快速生成效果逼真的模拟动画。强调服务,重视企业订制。资源丰富的在线教育系统,非常适合学校教育和个人学习。

优点:

(1)支持多种格式的三维 CAD 模型,可导入扩展名为 step、igs、stl、x_t、prt、CATPart、sldpart 等格式;

(2)自动识别与搜索 CAD 模型的点、线、面信息来生成轨迹;

(3)轨迹与 CAD 模型特征关联,模型移动或变形,轨迹自动变化;

(4)一键优化轨迹与几何级别的碰撞检测;

(5)支持将整个工作站仿真动画发布到网页、手机端;

缺点:软件不支持国外小品牌机器人、轨迹编程还需要再强大。

8. PowerMill 机器人模块

PowerMill 机器人模块支持包括 KUKA、ABB、Fanuc、Motoman、Staubli 在内的众多知名品牌的机器人。PowerMill 机器人模块能让多达 8 轴的机器人编程和 5 轴的编程一样简单。PowerMill 机器人模块可应用于以下领域:石雕,木雕,泡沫和树脂模型加工,所有类型材料的修边倒角,等离子切割,激光切割,准确连续的弧焊(点焊、弧焊),激光喷镀,涡轮叶片和喷气式叶片修复,复杂 3D 工件的无损测量,喷涂。

优点:

(1)很高的灵活性和适应性;

(2)在一个单独的应用程序中进行全机器人编程和仿真;

(3)精确的 3D 仿真,真实显示手柄动作。

9. InteRobot

InteRobot 机器人离线编程软件(以下简称 InteRobot)是由华中科技大学国家数控系统工程技术研究中心、武汉华中数控股份有限公司和华数机器人有限公司联合开发的一款机器人离线编程应用软件。InteRobot 基于自主开发的三维平台,实现了软件的控制层、算法层与视图层的分离,满足离线编程软件的开放式、模块化、可扩展的要求。可以完成机器人加工的路径规划,动画仿真,干涉检查,机器人姿态优化、轨迹优化,后置代码,理实一体化。

InteRobot 提供两种加工模式与四种操作类型。加工模式包括：手拿工具、手拿工件；操作类型包括：示教操作，离线操作，码垛操作，代码操作。机器人库可扩展任意型号的机器人，加工场景自由导入，强大的曲面曲线离散功能实现加工轨迹的自由订制，可根据大家的特殊需求进行开发和改进，实现特殊用途。

10. 其他离线编程软件厂商

厂家专用离线编程软件厂商还有 Fanuc 的 RoboGuide、KUKA 的 KUKA Sim，Yaskawa 的 MotoSim。

这类专用型离线编程软件，优点和缺点都很类似且明显。因为都是机器人本体厂家自行或者委托开发，所以能够拿到底层数据接口，开发出更多功能，软件与硬件通信也更流畅自然。所以，软件的集成度很多，也都有相应的工艺包。

缺点就是只支持本公司品牌机器人，机器人间的兼容性很差。

四、机器人离线编程现状及趋势

1. 机器人离线编程现状

机器人离线编程在国外的研究起步较早，而且已经拥有商品化的离线编程系统，像 Robotmaster 是行业领导者，最具通用性；Siemens 的 Robcad 在汽车生产占有统治地位；四大机器人家族的专用离线编程软件占据了中国机器人产业 70% 以上的市场份额，并且几乎垄断了机器人制造、焊接等高端领域。

2. 机器人编程趋势

随着视觉技术、传感技术、智能控制、网络和信息技术以及大数据等技术的发展，未来的机器人编程技术将会发生根本的变革，主要表现在以下几个方面。

①编程将会变得简单、快速、可视、模拟和仿真立等可见。

②基于视觉、传感、信息和大数据技术，感知、辨识、重构环境和工件等的 CAD 模型，自动获取加工路径的几何信息。

③基于互联网技术实现编程的网络化、远程化、可视化。

④基于增强现实技术实现离线编程和真实场景的互动。

⑤根据离线编程技术和现场获取的几何信息自主规划加工路径、焊接参数并进行仿真确认。

总之，在不远的将来，传统的在线示教编程将只在很少的场合得到应用，比如空间探索、水下、核电等，而离线编程技术将会得到进一步发展，并与 CAD/CAM、视觉技术、传感技术、互联网、大数据、增强现实等技术深度融合，自动感知、辨识和重构工件和加工路径等，实现路径的自主规划，自动纠偏和自适应环境。

任务二　工业机器人离线编程操作

任务目标

◆ 了解 InteRobot 离线编程软件的特色及功能；

◆ 熟悉 InteRobot 离线编程软件的主要操作，了解工业机器人 InteRobot 离线编程软件的应用方法。

◆ 熟悉离线编程软件的操作界面及基本功能；
◆ 掌握 InteRobot 离线编程软件的基本操作。

能力目标

◆ 会启用离线编程软件；
◆ 能使用离线编程软件进行示教操作；
◆ 能使用离线编程软件进行离线操作；
◆ 能使用离线编程软件进行码垛操作。

任务描述

本任务将以 InteRobot 离线编程软件为例，介绍离线编程软件运行环境、操作界面和使用功能，让读者掌握 InteRobot 离线编程软件的使用方法，为下一步离线编程应用做好技术准备。

知识准备

一、软件简介

InteRobot 是由华数机器人推出的一款具备完全自主知识产权、最贴近工业市场应用的国产离线编程与仿真软件。InteRobot 支持华数、ABB、KUKA、安川、川崎等国内外各种品牌和型号的工业机器人，具备机器人库管理、工具库管理、加工方式选择、加工路径规划、运动学求解、机器人选解、控制参数设置、防碰撞和干涉检查、运动学仿真等离线编程基本功能，最大特色是与应用领域的工艺知识深度融合，可解决机器人应用领域扩大和任务复杂程度增加的迫切难题，可广泛应用于 3C 产品金属部件、航空航天零件、汽车覆盖件、激光焊接与切割、模具制造、五金零件、喷涂、多轴加工、石材和板材加工等专业领域。

InteRobot 离线编程主要具有以下功能及特色。

1. 快速编程、精准实现

相对于传统的手动示教编程来说，InteRobot 离线编程软件是直接针对三维模型进行编程和仿真的，它直接在计算机虚拟环境下对机器人和工作场景进行标定，通过开发的多种轨迹规划方法规划出机器人加工路径，经过虚拟仿真和碰撞干涉检查之后，输出的程序能够直接运行于实际工业机器人中，整个过程在办公电脑上完成，无需中断生产，编程快、精度高，且没有安全隐患。

2. 支持多品牌工业机器人

支持国内外主流品牌机器人，如华数、ABB、KUKA、安川、川崎等品牌，机器人库已提供系列型号机器人，也支持自定义，可以扩展任意型号的机器人。

3. 专业化工艺软件包

离线编程软件深度融合智能制造领域工艺知识，可针对打磨、焊接、喷涂等行业，提供专业的工艺参数设置和相关轨迹编程方法，可自适应生成包含工艺特性的机器人程序。

4. 丰富的轨迹规划方法

轨迹规划提供手动、自动、外部等方法，可适应国内各行业人员的编程习惯。离线编程规划的轨迹程序还可支持多外部轴联动控制，包括单变位机、双变位机以及混合控制。

5. 高效的程序点校验和修调方法

在打磨、焊接、喷涂等实际项目，离线编程的程序点的校验和修调不可避免，InteRobot 基于大量的实际应用经验，开发了机器人点位随动、框选批量删除、笛卡尔各坐标批量修调、位置定向偏置等系列功能，能够高效地校验和修调不满足要求的程序点。

6. 智能的轨迹优化方法

InteRobot 离线编程软件提供轨迹智能分析工具，能够根据加工轨迹的变化及工艺要求识别出工件表面的特征线和特征点，进而实现机器人程序的速度、加速度规划，针对华数机器人还可以设置 CP、SP、AI 等高级过渡参数。

二、软件安装要求及方法

1. 环境

根据机器人离线编程软件应用环境的需求来选择合适的硬件配置，如 CPU 的指标、内存及磁盘容量等。下面给出安装该系统软件所需的基本硬件配置，如表 4-2 所示。

表 4-2　硬件配置

硬件	要求
CPU	i5 或同类性能以上处理器
内存	4 GB 以上
显存	1 GB 以上独立显卡
硬盘	500 GB 以上
操作系统	Windows 7 或以上
显示器尺寸	14 in 以上

2. 安装过程

机器人离线编程软件一键式安装非常方便，双击"InteRobot Setup. exe"安装文件，进入 InteRobot 安装向导界面，直接点击"下一步"按钮即可，如图 4-3 所示。

图 4-3　机器人离线编程软件安装向导

　　进入到安装目录设置界面,可以选择软件安装的位置。如图 4-4 所示,注意,安装目录必须是英文目录。设置好安装目录后,直接点击"下一步"按钮即可。

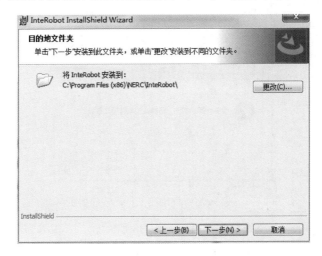

图 4-4　机器人离线编程软件安装目录设置

　　由于电脑配置的不同,安装过程等待的时间也会不同,但是通常几分钟就可安装完成。如图 4-5 所示为安装过程。

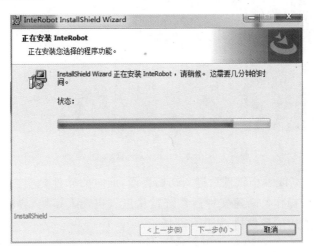

图 4-5　机器人离线编程软件安装

　　安装完成后,桌面会出现 InteRobot 的快捷方式,开始菜单中有 InteRobot 的启动项,如图 4-6 所示。

图 4-6　InteRobot 的快捷方式和启动项

三、软件启动

双击 InteRobot 的快捷方式或者单击 InteRobot 的启动项即可启动 InteRobot 软件。弹出如图 4-7 所示提示,此时需要插入购买软件时自带的加密狗,插入电脑的 USB 口后即可顺利打开软件。

图 4-7　未插入加密狗情况下打开软件的提示框

启动 InteRobot 机器人离线编程软件,如图 4-8 所示。

图 4-8　启动 InteRobot 离线编程软件

启动 InteRobot 离线编程软件后进入初始界面,此时的软件是空白界面,需要新建文件之后才能对软件进行操作。新建文件后系统默认进入机器人模块,界面出现机器人离线编程的快捷菜单栏与左边的导航树,如图 4-9 所示。

四、软件界面

软件界面由主界面、二级界面和三级界面组成,二级界面和三级界面都是以弹出窗体的形式出现。下面介绍机器人离线编程的主界面和各个二级、三级界面。

1. 主界面

主界面由四部分组成,如图 4-10 所示,包括位于界面最上端的工具栏、位于工具栏下方的菜单栏、位于界面左边的导航树、位于界面中部的视图窗口,另外还有位于界面最右边的机器人属性栏、机器人控制器栏和变位机属性栏,可单击菜单栏中属性面板相应按钮调出。

1) 工具栏

工具栏如图 4-11 所示,从左到右依次是新建、打开、视图、皮肤切换、保存、另存为、撤销、重做、模块图标、模块切换下拉框。

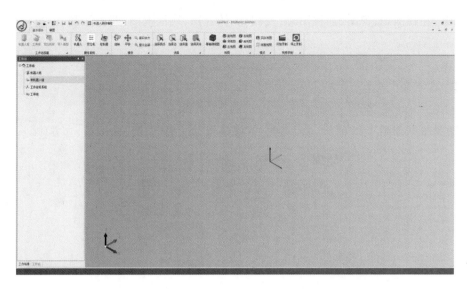

图 4-9　机器人离线编程新建文件界面

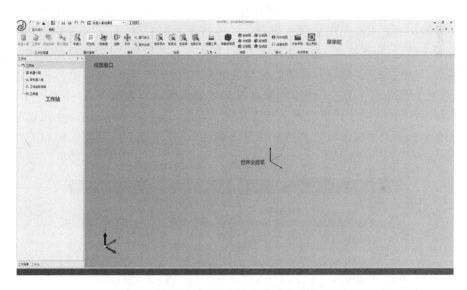

图 4-10　机器人离线编程主界面

图 4-11　主界面工具栏

2）菜单栏

　　机器人离线编程菜单栏有基本操作菜单栏和草图菜单栏。如图 4-12 是基本操作菜单栏，从左到右依次为工作站搭建、属性面板、操作、选择、视图、模式、视频录制。前两个部分是机器人离线编程的主要菜单，后五个部分是视图操作的相关菜单。工作站搭建部分的功能包括机器人库、工具库、变位机库、导入模型。属性面板部分包括机器人属性、变位机属性、控制器属性面板。点击相应的菜单可以调出对应的二级界面。后五个相关菜单功能包括：旋转、平移、窗口放大、显示全部，选择顶点、选择边、选择面、选择实体，等轴测视图、俯视图、仰视图、左视图、右视图、前视图、后视图，实体视图、线框视图，开始录制、停止录制。

图 4-12　基本操作菜单栏

草图菜单则如图 4-13 所示，从左到右依次是点、线、矩形、圆、坐标系、立方体。

图 4-13　草图菜单栏

3）导航栏

导航栏分为两部分，包括工作站导航树和工作场景导航树，在导航栏的最下端点击可以切换两种导航树的显示。工作站导航树是以工作站作为根节点，下有四个子节点和一个创建节点共五个节点，包括机器人组、非机器人组、工作坐标系组和工序组，这是工作站节点的最基本组成，右键点击"工作站"，可新建变位机组节点，后续的实际操作，会以这五个节点为根节点，产生不同的子节点。工作场景导航树是以工作场景作为根节点，下有一个子节点，后续的实际操作，也会在工作组节点上产生其他子节点。导航栏便于操作，也可以非常直观地了解到整个机器人离线编程文件的组成。如图 4-14 分别是工作站导航树和工作场景导航树。

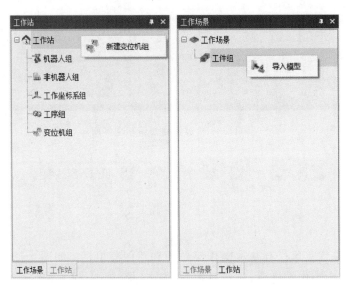

图 4-14　导航栏

4）机器人属性面板

机器人属性面板主要作用是对机器人进行仿真控制，控制机器人的姿态，让机器人按照预期运动，或者是运动到指定的位置上。机器人属性面板包括五部分，机器人选择部分、基坐标系相对于世界坐标系、机器人工具坐标系虚轴控制部分、机器人实轴控制部分、机器人回归初始位置控制部分,如图 4-15 所示。

5) 变位机属性面板

变位机属性面板主要作用是对变位机进行仿真控制,控制变位机的姿态,让变位机按照预期运动,或者是运动到指定的位置上。变位机属性面板包括四部分,变位机选择部分、基坐标相对世界坐标系、变位机实轴控制部分和变位机回归初始位置按钮,如图 4-16 所示。

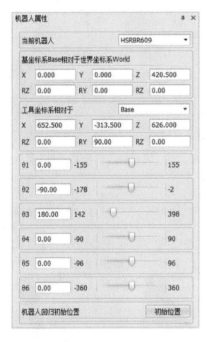

图 4-15 机器人属性面板

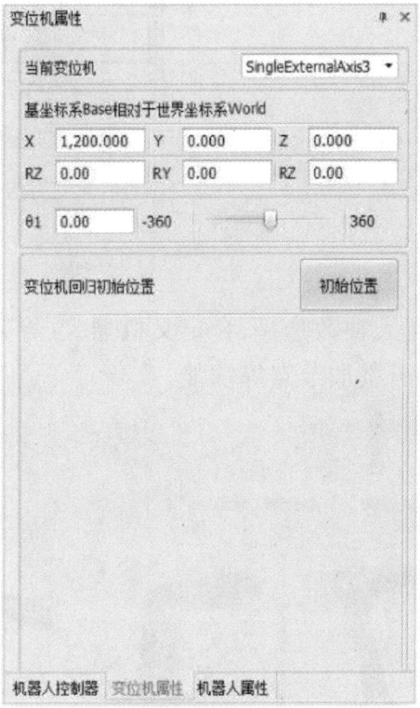

图 4-16 变位机属性面板

6) 机器人控制器面板

机器人控制器面板,包括三个部分,设备连接部分、运动参数部分和消息显示部分。设备连接部分有扫描设备、重启控制器、连接设备、断开设备等功能,列表中显示了设备的详细信息。运动参数部分有功能模式的选择、工作模式的选择、使能的开关、负载设置和倍率设置等功能,如图 4-17 所示。

2. 机器人相关界面

打开机器人库操作,点击机器人组节点,"机器人库"菜单就会变为可用状态。然后点击菜单栏中的"机器人库"菜单,如图 4-18 所示。点击"机器人库"菜单图标后会弹出"机器人库"主界面。

1) 机器人库主界面

InteRobot 提供机器人库的相关操作,包括各种型号机器人的新建、编辑、存储、导入、预览、删除等功能,实现对机器人库的管理,方便大家随时调用所需的机器人。如图 4-19 是机器人库的主界面,提供机器人基本参数的显示、机器人品牌选

图 4-17 控制器属性面板

图 4-18   调出机器人库主界面

择、机器人轴数选择、自定义机器人、导入/导出机器人文件、属性编辑、删除和机器人预览和导入视图添加节点等功能。

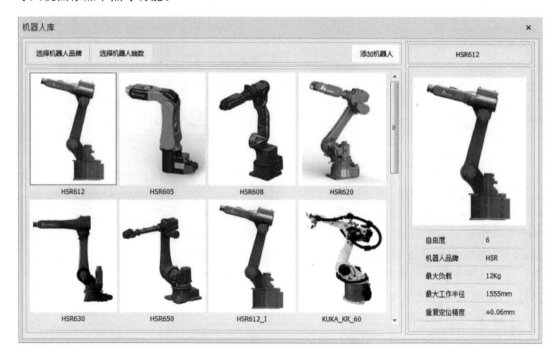

图 4-19   "机器人库"对话框

2）机器人编辑界面

在机器人库主界面点击鼠标右键,选择右键菜单的"属性"选项,如图 4-20 所示,软件进入选中机器人的编辑界面,在此界面能够修改机器人库中的机器人参数。

如图 4-21 所示,机器人库包括五个部分,机器人名、机器人总体预览、机器人基本数据、机器人模型信息、机器人建模参数和机器人运动参数。机器人基本数据中包括机器人的类型、轴数、图形文件的位置。

机器人参数中"机器人模型信息"栏显示了各个关节对应的模型数据,大家可以选择对

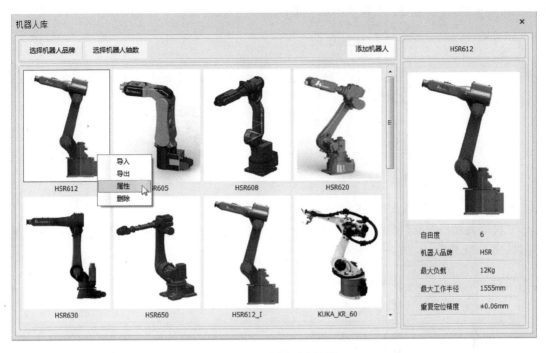

图 4-20　机器人选择属性

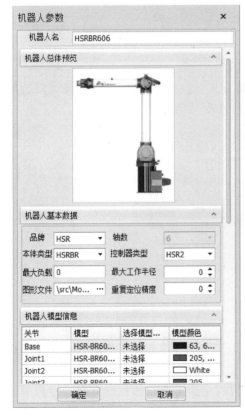

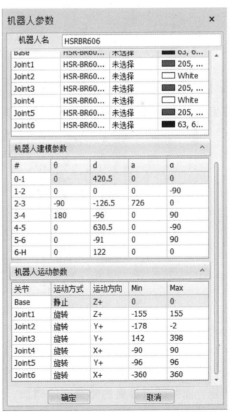

机器人建模参数

#	θ	d	a	α
0-1	0	420.5	0	0
1-2	0	0	0	-90
2-3	-90	-126.5	726	0
3-4	180	-96	0	90
4-5	0	630.5	0	-90
5-6	0	-91	0	90
6-H	0	122	0	0

机器人运动参数

关节	运动方式	运动方向	Min	Max
Base	静止	Z+	0	0
Joint1	旋转	Z+	-155	155
Joint2	旋转	Y+	-178	-2
Joint3	旋转	Y+	142	398
Joint4	旋转	X+	-90	90
Joint5	旋转	Y+	-96	96
Joint6	旋转	X+	-360	360

图 4-21　机器人参数设置

121

应的模型文件,并设置导入对应关节模型的模型颜色设置,如图 4-22 所示。

机器人模型信息			^
关节	模型	选择模型...	模型颜色
Base	HSR-BR60...	未选择	■ 63, 6...
Joint1	HSR-BR60...	未选择	■ 205, ...
Joint2	HSR-BR60...	未选择	□ White
Joint3	HSR-BR60...	未选择	■ 205, ...
Joint4	HSR-BR60...	未选择	□ White
Joint5	HSR-BR60...	未选择	■ 205, ...
Joint6	HSR-BR60...	未选择	■ 63, 6...

图 4-22　关节模型信息

"机器人建模参数"栏为采用 D-H 参数建模方法,可以根据机器人的建模参数进行填写,如图 4-23 所示。

机器人建模参数				^
#	θ	d	a	α
0-1	0	420.5	0	0
1-2	0	0	0	-90
2-3	-90	-126.5	726	0
3-4	180	-96	0	90
4-5	0	630.5	0	-90
5-6	0	-91	0	90
6-H	0	122	0	0

图 4-23　机器人建模参数

"机器人运动参数"栏显示了各个轴的运动方式、运动方向、最小限位、最大限位和初始位置等信息,大家可以根据实际情况进行相应的修改,如图 4-24 所示。

机器人运动参数				^
关节	运动方式	运动方向	Min	Max
Base	静止	Z+	0	0
Joint1	旋转	Z+	-155	155
Joint2	旋转	Y+	-178	-2
Joint3	旋转	Y+	142	398
Joint4	旋转	X+	-90	90
Joint5	旋转	Y+	-96	96
Joint6	旋转	X+	-360	360

图 4-24　运动参数

3) 机器人新建界面

在"机器人库"主界面上点击"添加机器人",选择"自定义机器人",软件弹出新建机器人的界面,如图 4-25 所示。

新建界面与编辑界面的界面功能相似,不同的是弹出参数都是没有经过设置的空白参数或是默认参数,需要根据新建的机器人的基本信息,将参数设置完整。如图 4-26 所示为新建机器人界面。

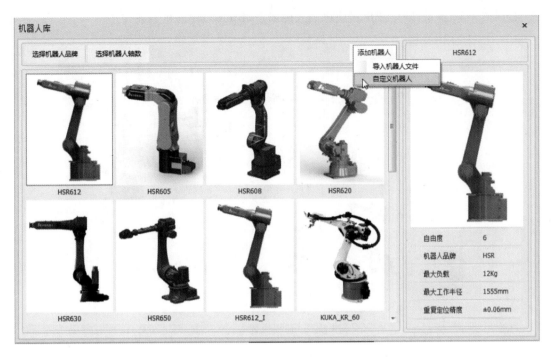

图 4-25　自定义机器人

图 4-26　新建机器人界面

4）导入/导出机器人文件

在机器人库主界面上选择机器人，右键点击要选择的机器人，选择右键菜单中的"导出"

选项,如图 4-27 所示,则可导出对应机器人的属于 InteRobot 的机器人文件。

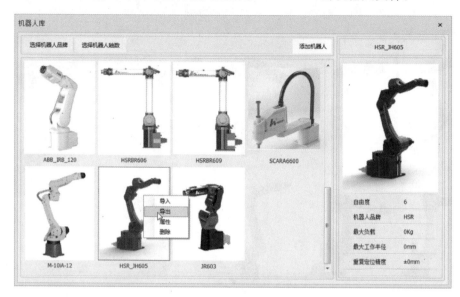

图 4-27　导出机器人文件

导出的机器人文件后缀名为.incRob,导出的机器人文件可在另外未含该机器人的文件中导入,在"添加机器人"的列表中选择"导入机器人文件"选项,则可导入对应的机器人文件,如图 4-28 所示。

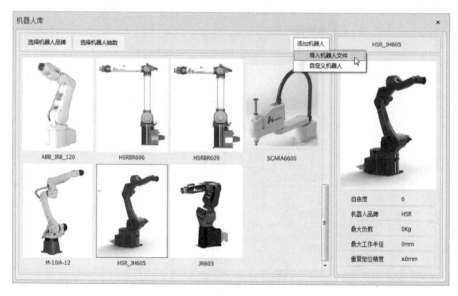

图 4-28　导入机器人文件

5) 属性界面

导入机器人后,在机器人组节点下生成了对应的机器人节点。右键点击节点,在弹出的菜单中选择"属性"选项,弹出机器人属性界面,如图 4-29 所示。机器人属性界面与编辑机器人的界面基本一致,不同的是机器人属性界面只能修改节点上的机器人参数,不能修改机器人库的对应机器人参数。

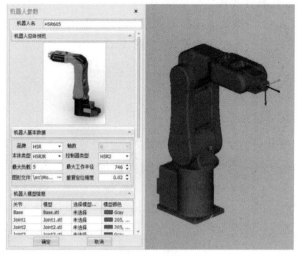

图 4-29　机器人属性界面

3. 工具相关界面

1）工具库主界面

InteRobot 机器人离线编程软件提供工具库管理的相关操作,包括各种型号工具的新建、编辑、存储、导入、预览、删除和导入/导出工具文件等,方便大家随时调用所需的工具,如图 4-30 是工具库的主界面。

图 4-30　工具库主界面

2）工具属性界面

在工具库主界面上选择所需编辑的工具，点击右键，在弹出的菜单中选择"属性"选项，软件进入选中工具的属性界面，如图 4-31 所示。

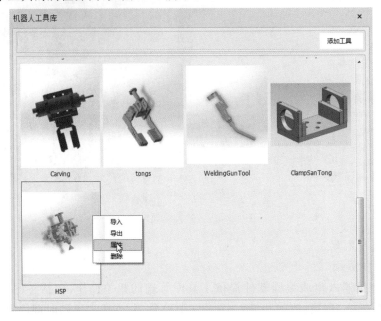

图 4-31　工具属性

工具属性包括四个部分：工具名、工具预览、TCP 设置、工具定义。TCP 设置选项可对工具坐标系相对于法兰坐标系的位置与姿态参数进行设置。工具定义部分可以导入工件模型与工具的预览图片，如图 4-32 所示。

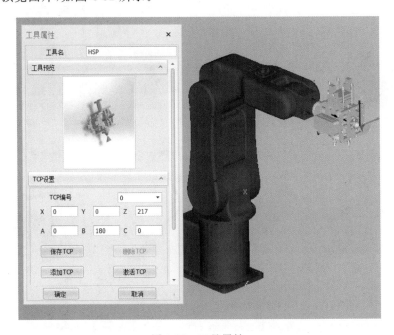

图 4-32　工具属性

如图 4-33 所示，TCP 设置显示了工具坐标系的原点相对于机器人法兰坐标系的 X、Y、Z 坐标与工具坐标系的欧拉角 A、B、C。点击"添加 TCP"按钮可创建新的工具 TCP，保存激活后即可用于离线仿真；选择"TCP 编号"右侧下拉列表中不同的 TCP 后，点击"激活 TCP"按钮，确定；右键单击操作节点，生成路径，即可切换至选中的 TCP 进行离线仿真。

图 4-33　TCP 设置

3）新建界面

如图 4-34 所示，在工具库主界面上点击"添加工具"，选择"自定义工具"选项，弹出"工具属性"界面。

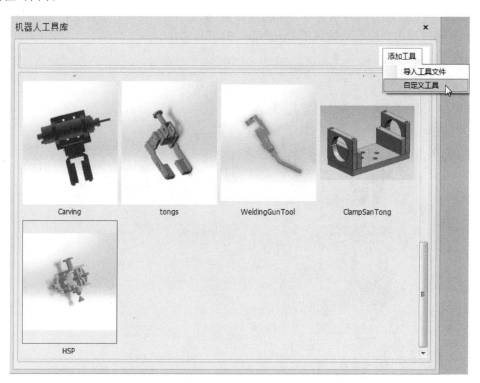

图 4-34　工具库界面

新建工具界面与工具属性界面相似，不同是新建工具时弹出的参数都是没有经过设置的空白参数或是默认参数，需要根据需要新建工具的基本信息，将参数设置完整。如图 4-35 所示为新建工具属性界面。

图 4-35　新建工具界面

4）导入/导出工具文件

在工具库主界面上选择所需工具，点击右键，在弹出的菜单中选择"导出"选项，如图4-36所示，则可导出对应工具的属于 InteRobot 的工具文件。

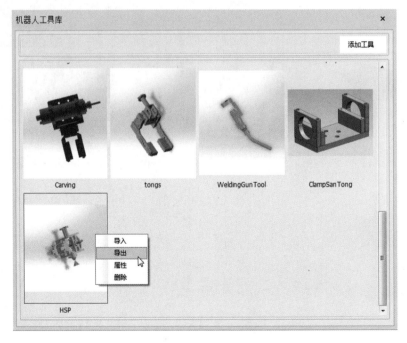

图 4-36　导出工具文件

导出的工具文件后缀名为. incTool，导出的工具文件可在另外未含该工具的文件中导入，点击"添加工具"，选择"导入工具文件"选项，则可导入对应的工具文件，如图 4-37 所示。

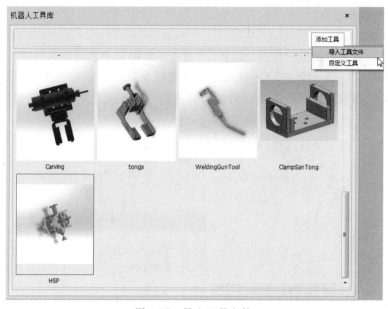

图 4-37 导入工具文件

5）属性界面

导入工具后，在机器人节点下生成了所选的工具节点，如图 4-38（a）所示；右键点击节点，在弹出的快捷菜单中选择"属性"，弹出"工具属性"界面，如图 4-38（b）所示，工具属性界面与编辑工具的界面基本一致，不同的是工具属性界面只能修改节点上的工具参数，不能修改工具库的对应工具参数。

(a)　　　　(b)

图 4-38 工具属性界面

4. 变位机相关界面

1）变位机库主界面

变位机库存有多种类型变位机供选择，可调用任意型号变位机进行离线仿真；支持新建变位机，支持导入 STL、STP、STEP 格式的变位机模型。右键点击工作站节点，再点击"新建变位机组"，工作站搭建板块的变位机库功能激活，点击"变位机库"图标即可进入变位机库界面，如图 4-39 所示。

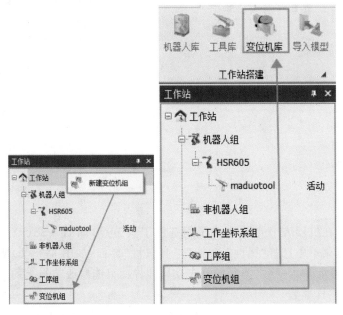

图 4-39　激活变位机库

"变位机库"界面如图 4-40 所示，此界面可实现变位机的编辑、新建、删除、预览、导入和导入/导出变位机文件功能。

图 4-40　"变位机库"界面

2）变位机编辑界面

在变位机库主界面上选择右键点击要选的变位机，在弹出的菜单中选择"属性"选项，如图4-41，软件进入选中变位机的编辑界面，在这个界面中能够修改变位机库中的变位机参数。

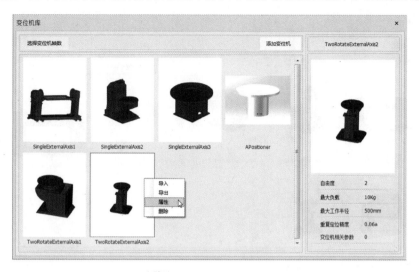

图 4-41　变位机选择属性

变位机编辑界面包括六个部分：变位机名称、变位机基本数据、变位机预览、变位机模型信息、变位机建模参数、变位机运动参数，与变位机新建界面的界面功能相似，唯一不同的是弹出的参数都是经过设置的参数，大家可在此界面修改已有变位机的相关参数。修改 Base 参数可以移动变位机整体的位置，修改 Axis 参数设置变位机转轴的位置。单击变位机库的编辑按钮，即可弹出变位机编辑界面。如图 4-42 所示为"变位机编辑"界面。

图 4-42　"变位机编辑"界面

3）变位机新建界面

在变位机库主界面点击，"添加变位机"，选择"自定义变位机"选项，如图 4-43 所示，软件弹出新建变位机的界面。

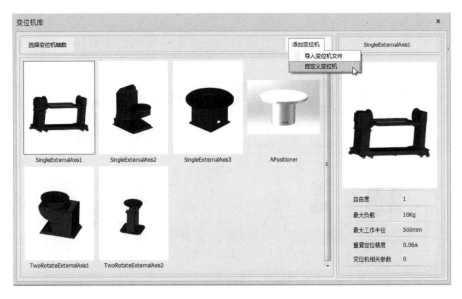

图 4-43 自定义变位机

变位机新建界面如图 4-44 所示，导入新变位机模型与预览图后，设置变位机的定位坐标参数与运动参数，点击"确定"按钮即可完成变位机的新建。Base 建模参数决定变位机建模坐标相对于世界坐标系的位置，修改该参数会改变变位机的位置。Axis 建模参数决定变位机所绕旋转轴相对于变位机 Base 的位置。

图 4-44 变位机新建界面

4）导入/导出变位机文件

在变位机主界面上右键点击要选择的变位机，在弹出的菜单中选择"导出"选项，如图4-45所示，则可导出所选变位机的属于InteRobot的工具文件。

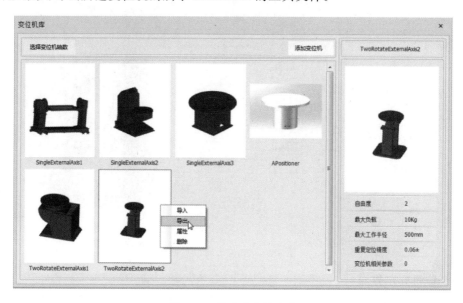

图 4-45　导出变位机文件

导出的变位机文件后缀名为.incEA，导出的变位机文件可在另外未含该变位机的文件中导入，点击"添加变位机"，选择"导入变位机文件"选项，则可导入对应的变位机文件，如图4-46 所示。

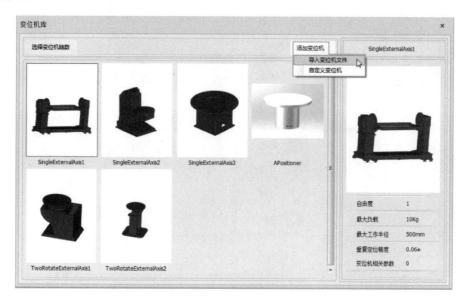

图 4-46　导入变位机文件

5）变位机属性界面

导入变位机后，在变位机组节点下生成了对应的变位机节点。右键点击节点，在弹出的菜单中选择"属性"选项，弹出变位机属性界面，如图 4-47 所示。变位机属性界面与变位机编辑界面基本一致,不同的是变位机属性界面只能修改节点上的变位机参数,不能修改变位机库的对应变位机参数。

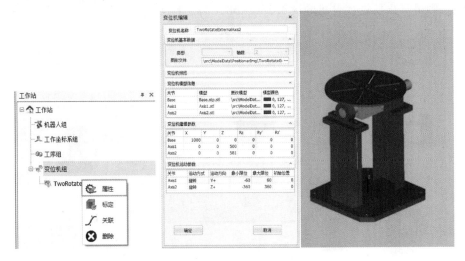

图 4-47　变位机属性界面

6）变位机标定界面

导入变位机后,可对变位机相对于标定的机器人进行位置的标定,变位机的标定与工件标定一致,为三点标定,标定变位机后,变位机的属性面板中的基坐标系相对世界坐标系位置和变位机属性界面中的 Base 参数同步更改,如图 4-48 所示。

图 4-48　变位机标定

7）变位机关联界面

导入变位机后,需将变位机和机器人、工件关联在一起,右键单击变位机节点,选择右键菜单中的"关联"选项,如图 4-49 所示,关联后移动变位机轴与工件联动;创建操作移动机器人变位机时,外部轴也一起转动。

5．导入模型界面

导入模型界面提供将模型导入机器人离线编程软件的接口,导入的模型可以是工件、机

图 4-49　变位机关联

床以及其他加工场景中用到的模型文件，支持多种模型格式，包括 STP、STL、STEP、IGS。点击工作场景节点下的工件组，工作站搭建板块的导入模型功能即可被激活，点击即可进入导入模型界面；亦可右键点击工件组进入该界面；模型导入后，可右键点击导入的工件节点，选择右键菜单中的"姿态调整"选项，对工件的位置参数进行修改。如图 4-50 所示为"导入模型"界面，界面提供了模型名称命名功能、设置模型位置坐标与姿态功能、设置模型颜色功能，以及选择模型文件的功能。

6. 工作坐标系相关界面

1）添加工作坐标系界面

如图 4-51 所示，右键点击工作坐标系组节点，选择右键菜单中的"添加工作坐标系"选项，弹出添加工作坐标系界面，如图 4-52 所示。

图 4-50　导入模型界面

图 4-51　添加工作坐标系节点

界面中主要包括当前机器人选择、坐标系的位置和姿态设置。可以通过点击"选原点"按钮在视图窗口中选取相应的点，也可以通过编辑框直接设置坐标系原点的位置。坐标系的姿态是通过设置编辑框中的参数实现的，默认情况下与基坐标的方向一致。界面也提供了坐标系名称设置的接口。

2）工作坐标系属性界面

右键单击工作坐标系节点，在弹出的快捷菜单中选择"属性"选项，弹出坐标系属性界面，界面中可修改坐标系的位置、姿态和名称，如图 4-53 所示。

图 4-52 "添加工作坐标系"界面

图 4-53 "工件坐标系属性"界面

7. "创建操作"界面

"创建操作"界面中需要对"操作类型"、"加工模式"、"机器人"、"工具"、"工件"和"操作名称"进行设置,如图 4-54 所示。软件提供了三种操作类型:离线操作、示教操作和码垛操作。加工模式分为"手拿工具"和"手拿工件"两种。"机器人"、"工具"和"工件"从已有的节点中进行选择。

8. 示教操作相关界面

1)"编辑操作"界面

如图 4-55 所示是"编辑操作"界面,要对已经创建好的操作进行修改可以打开此界面,重新设置"机器人"、"工具"、"工件"及"操作名称"。注:示教操作只能创建手拿工具加工模式。

图 4-54 "创建操作"界面

图 4-55 "编辑操作"界面

2)"编辑点"界面

"编辑点"界面分为示教操作的"编辑点"界面和离线操作的"编辑点"界面。两个界面的主要用途相同,但是根据操作属性的不同有所区别。如图 4-56 所示为示教操作下的"编辑点"界面。示教"编辑点"界面包括"Num"(编号)、"添加和删除"、"批量调节"等设置栏。"添加和删除"栏包括添加点、删除点、删除所有、IO 属性设置、机器人随动等选项。"批量调节"

栏中可以设置起止点的编号,并批量设置编号内所有点的运行方式、CNT、延时和速度。

　　3)"运动仿真"界面

　　"运动仿真"界面主要是对选择的路径进行仿真验证,如图 4-57 所示为"运动仿真"界面。界面主要分为:基于坐标系切换、切换坐标系重生成、仿真路径所包含的点参数列表、IPC 控制器连接、仿真控制部分、仿真次数设置。仿真路径选择中可以选取需要仿真的路径,列表中出现与选取仿真路径相对应的参数信息,包括 X、Y、Z、RX、RY、RZ。点击列表中的行,机器人可以直接运动到相应的位置上。坐标系切换部分中有两个功能:基于坐标系功能表示点位信息在世界坐标系上不变,切换点在不同坐标系中的表示方法;切换工作坐标系功能表示保持点在坐标系中的相对位置不变,变化点在世界坐标系中的位姿。IPC 控制器连接部分,勾选"IPC 插补",将控制器与电脑连接好后,点击"加载程序到 IPC"按钮,可将仿真中的点位信息的程序上传到控制器,此时点击"仿真"按钮则加工现场机器人根据程序运动。仿真控制的中间控制按钮包括复位、暂停、快退、播放、快进,下方是仿真进度控制条。仿真次数设置循环播放仿真的次数。

图 4-56　示教"编辑点"界面

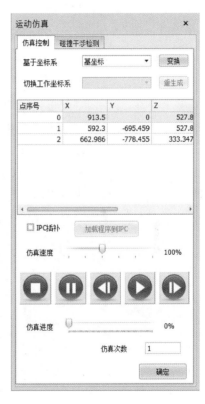

图 4-57　"运动仿真"界面

　　4)"代码输出"界面

　　如图 4-58 所示为"代码输出"界面。"代码输出"包括"程序代码"与"程序转换"两个选项卡;"程序代码"选项卡中,路径列表显示当前所有操作的详细信息,可以选择输出所需操作的代码;"输出类型设置"中可实现控制代码类型、工件坐标系、输出代码路径选择的功能。"控制代码类型"包括"实轴"和"虚轴"两个选项;"工件坐标系"可以设置输出代码的信息基于的工件坐标系,不选择的时候表示基于机器人基坐标;"输出代码路径"中选择代码保存的路径并命名。点击"输出控制代码"按钮即可实现机器人控制代码的输出。同时提供了阅读控制代码的功能,点击"阅读控制代码"按钮,可以直接对代码进行浏览。

图 4-58　"代码输出"界面

如图 4-59 所示为"程序转换"选项卡界面,该界面可对程序的类型进行转换,支持普通程序与 AI 程序的输出;AI 程序不同于普通程序,AI 程序可自动输出高级插补指令,并可灵活调整高级插补的各项参数。通过设置合理的高级插补参数,AI 程序可大幅提高机器人运行的速度和平稳性,进一步增强离线编程输出代码的实用性。

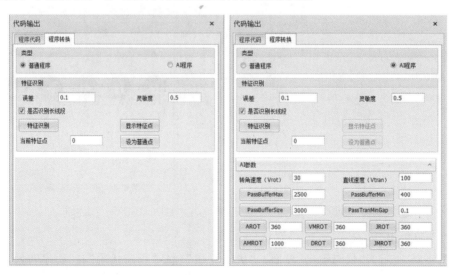

图 4-59　程序转换

9. 离线操作相关界面

1)"编辑操作"界面

离线操作的"编辑操作"界面如图 4-60 所示,在界面中可以对操作名称、工具、TCP 编号、加工的工件、磨削点、路径编辑、加工策略及后置处理等进行设置。"加工策略"中"外部轴策略"包括"无外部轴"、"单变位机"、"双变位机"、"焊接策略"等选项。

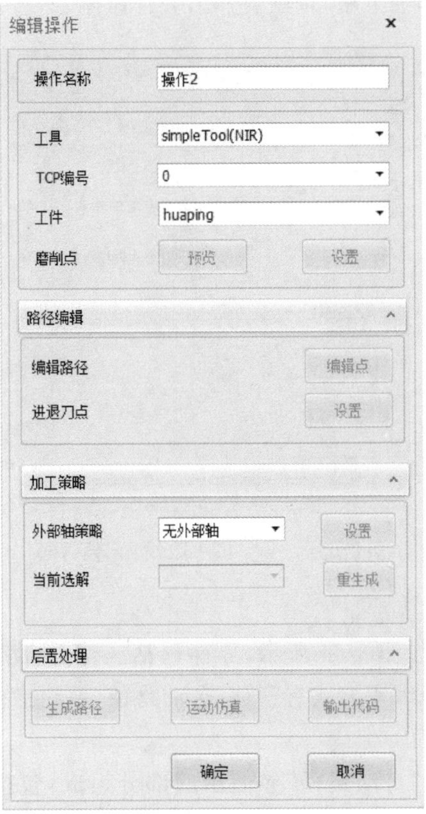

图 4-60 离线操作的"编辑操作"界面

在手拿工件模式下可以设置磨削点参数。点击"磨削点"后的"设置"按钮，弹出"磨削点定义"界面，如图 4-61 所示，磨削点的定义包括位置和姿态两部分。

点击"进退刀点"后的"设置"按钮，弹出如图 4-62 所示的"进退刀设置"界面。在离线操作模式下，可以对选中的操作进行进退刀的设置。设置内容包括偏移量、进刀点或是退刀点的设置。

图 4-61 磨削点定义界面

图 4-62 进退刀设置界面

选择外部轴策略后,单击"设置"按钮,弹出"变位机参数设置"界面,如图 4-63 所示,该界面可完成所选变位机策略的参数设置。注意,创建操作的机器人,需关联对应的变位机才可进行选择该变位机的外部轴策略,否则会弹出警告窗体。

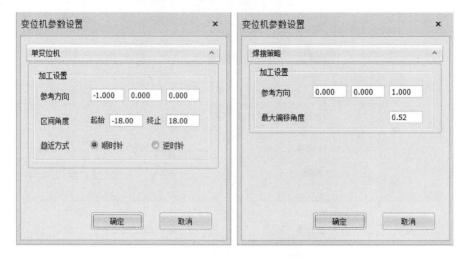

图 4-63 "变位机参数设置"对话框

2)"路径添加"界面

打开"路径添加"界面,如图 4-64 所示,界面包括三部分:路径名称、路径编程方式和路径的可见或隐藏。其中路径编程方式有三种:自动路径、手动路径、刀位文件。

3)"自动路径添加"界面

(1)"自动路径"界面 "自动路径"界面由四部分组成,包括驱动元素、加工方向设置、离散参数设置和自动路径列表。

驱动元素设置提供了两种自动路径的生成方式:通过面和通过线。

加工方向设置包括曲面外侧选择和方向选择。曲面外侧决定了生成点的主刀轴方向,方向选择决定了生成点方向。

离散参数设置提供弦高误差和最大步长的设置,如果驱动元素是通过面方式,则需要进行路径条数和路径类型设置。另外往复次数以及生成工艺轨迹则是通过面驱动元素和通过线驱动元素都可设置的。

自动路径列表显示了每条自动路径的对象号、离线状态、材料侧和方向信息,还提供了列表的新建、删除、上移、下移、全选等功能,如图 4-65 所示。

(2)"选取线元素"界面 在"自动路径"界面中选择"通过线"的方式添加路径就会弹出"选取线元素"界面,该界面提供了三种选取线的方式,分别是直接选取、平面截取、等参数线。

如图 4-66 所示为直接选取方式的界面。界面分为元素产生方式的选取、参考面的选取、线元素的选取以及选中元素的列表。参考面表示线所在的平面,线元素就是选择想要生成路径的线。

如图 4-67 所示为选择平面截取方式时的界面。界面分为元素产生方式的选取、参考面的选取、截面经过点的选取、截面法向的选取以及选中元素的列表。参考面指的是被截取的平面,通过"选择面"按钮选取。截平面的参数选取后还可以通过设置下拉框的数值进行

图 4-64　路径添加界面

图 4-65　自动路径添加主界面

图 4-66　选取线元素之直接选取

调整。

如图 4-68 所示为选择等参数线方式时的界面。等参数线的参考方向可以选择 U 向或者 V 向,参数值可以根据实际需要设置,其取值范围为 0~1。

4)"手动路径添加"界面

"手动路径添加"界面支持手动选择点添加到加工路径中。如图 4-69 所示为手动路径添加界面。界面主要包括四部分:点列表、点击生成、参数生成、调整姿态。

图 4-67　选取线元素之平面截取

图 4-68　选取线元素之等参数线

点列表中显示了已经添加点的详细信息,包括 X、Y、Z 坐标等信息,列表的添加、删除、上移、下移等基本操作按钮。

"点击生成"栏提供了点击生成点的三种方式:点、线、面。点方式是指用鼠标直接选取视图中的点添加到路径中。线方式是指用鼠标在线上选取一点添加到路径中。面方式是指用鼠标在面上选取一点添加到路径中。

"参数生成"栏提供了两种参数生成方式:线和面。线方式指的是通过设置线的 U 轴参数值,在选取的线的对应参数处生成点并添加到加工路径中。面方式指的是通过设置面的 U、V 轴参数值,在选取的面的对应参数处生成点并添加到加工路径中。

"调整姿态"栏提供了法向与切向的几种调整方式。法向方式调整至跟选择面的法向一致,或者是跟选择直线的方向一致,也可以直接选择反向。切向可以任意调整切向的角度,也可以选择反向。

5)"导入刀位文件"界面

如图 4-70 所示为"导入刀位文件"界面,此界面提供了将外部刀位文件导入到机器人离线编程软件的接口。只需选中要导入的刀位文件,就可以将刀位文件的数据导入,并且提供了预览功能,用以检查导入的刀位文件是否正确。在此界面中可以实现选择刀位文件、工件坐标系设置、副法矢设置以及预览等功能。

图 4-69　手动路径添加界面

图 4-70　"导入刀位文件"界面

6)"编辑点"界面

如图 4-71 所示为离线操作下的"编辑点"界面。此界面包括点序号、添加和删除、调整点位姿和批量调节等功能。"添加和删除"栏包括添加点、删除点、删除所有、属性设置、机器人随动等功能。"调整点位姿"栏包括调整幅度,点相对世界坐标系的坐标值 X、Y、Z,欧拉角 A、B、C。"批量调节"栏中可以设置起止点的序号,并批量设置序号内所有点绕 X、Y、Z 的转角,压力值,运行方式,CNT,延时和速度。

点击"属性"项后的"设置"按钮,可以打开"属性设置"界面,如图 4-72 所示,界面中有 IO 属性的编辑框和属性设置在点之前还是点之后的勾选框。

7)"运动仿真"界面

"运动仿真"界面与示教操作的运动仿真界面一样,此处从略,请参考前文。

8)"代码输出"界面

"代码输出"界面与示教操作的代码输出界面一样,参考前文。

图 4-71　离线编辑点

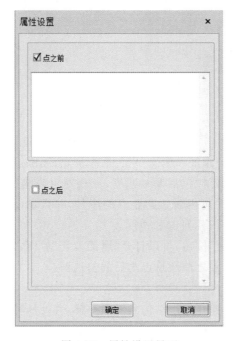

图 4-72　属性设置界面

10. 码垛操作相关界面

1)"编辑工件"界面

码垛操作的"编辑工件"界面如图 4-73 所示。对码垛的工件，只需导入一个工件模型，在创建操作时选择该模型，在"编辑工件"界面中，该工件模型即为默认工件，可对其进行布局，设置工件方向个数、相对间距。

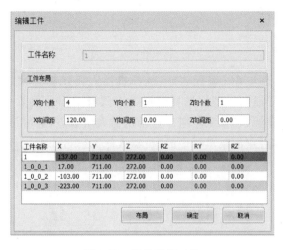

图 4-73　码垛编辑工件

2)"码垛路径"界面

码垛操作的路径设置界面如图 4-74 所示。"码垛路径"界面包括操作名称、工具名称、取料方式、方阵式取料信息、基准点位姿、取料方阵信息、过渡点、放料信息、趋近点回退点相

图 4-74　码垛路径设置界面

对坐标设置,以及生成路径、运动仿真。

3)"运动仿真"界面

"运动仿真"界面与示教操作的代码输出界面一样,参考前文。

4)"代码输出"界面

"代码输出"界面与示教操作的代码输出界面一样,参考前文。

五、离线编程操作说明

1. 机器人库功能

1)导入机器人

启动 InteRobot 机器人离线编程软件,选择机器人离线编程模块,进入模块后,左边出现导航树,选择工作站导航树。工作站导航树上默认有工作站根节点,以及其三个子节点,分别是机器人组、工作坐标系组、工序组。点击机器人组节点,选中该节点,"机器人库"菜单就会变为可用状态。然后点击菜单栏中的"机器人库"菜单,如图 4-75 所示。

图 4-75　调出机器人库

点击"机器人库"菜单后弹出机器人库主界面,如图 4-76 所示,界面的列表中显示了所有在库的机器人,大家选择实际需要的机器人,在机器人预览窗口会显示相对应的机器人的图片,点击最下端的"导入"→"确定"按钮,即可实现机器人的导入功能。

机器人导入完成后,视图窗口出现大家选中的机器人的模型,工作站导航树中在机器人组节点下创建了该机器人的节点,节点名称与选中的机器人名称一致,这样机器人的所有参数信息就导入到了当前工程文件中,如图 4-77 所示。

2)新建机器人

在机器人库主界面中点击"新建"按钮,弹出新建机器人的界面,如图 4-78 所示。界面的所有参数都是空白或者是默认的初始参数。

在该界面中,可设置机器人基本参数、定位坐标系和关节数据。其中机器人基本参数和关节数据是必须设置的项。

机器人基本数据设置包括机器人类型、轴数和缩略图文件。类型可以设置为 HSR1、HSR2、ABB、KUKA、FANUA、KAWASAKI 等。其他类型的机器人也可以进行定制。轴数目前只支持六轴。"图形文件"中点击省略号处,弹出"文件选择"对话框,选中要新建的机

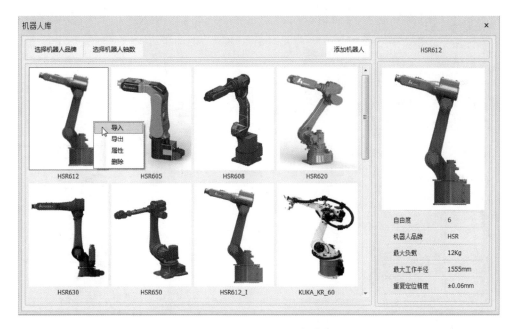

图 4-76 机器人导入操作

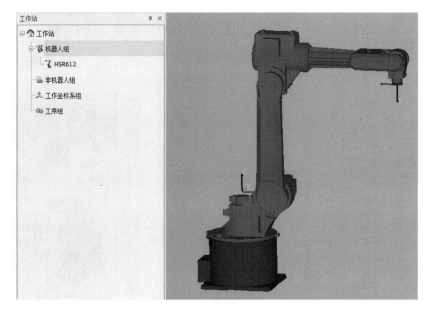

图 4-77 机器人导入完成

器人文件,该机器人图形就会在预览窗口中显示出来,如图 4-79 所示。

关节数据设置中包括三部分:模型信息、尺寸参数、运动参数。展开模型信息折叠栏,如图 4-80 所示是未进行模型信息设置的初始状态。点击每个关节对应的选择模型文件栏处,弹出模型文件选择框,选择好每个关节所对应的模型文件。

注:为了保持机器人导入后的模型合理,导入的关节模型文件必须基于同一个基坐标,因此在模型导入前,需要用三维软件(UG、Solidworks)把机器人的建模坐标移动至机器人基座底部,再依次导出机器人关节。

图 4-78 新建机器人界面的初始状态

机器人名 HSR-BR606

机器人总体预览 ∧

机器人基本数据

品牌	HSR ▾	轴数	6 ▾
本体类型	HSRBR ▾	控制器类型	HSR3 ▾
最大负载	6	最大工作半径	1222 ▾
图形文件	D:\CSTD...	重复定位精度	0.05 ▾

图 4-79 机器人基本数据设置

机器人模型信息 ∧

关节	模型	选择模型...	模型颜色
Base	HSR-BR60...	D:\CSTD\...	☐ White...
Joint1	HSR-BR60...	D:\CSTD\...	■ Brown
Joint2	HSR-BR60...	D:\CSTD\...	☐ White...
Joint3	HSR-BR60...	D:\CSTD\...	■ Brown
Joint4	HSR-BR60...	D:\CSTD\...	☐ White
Joint5	HSR-BR60...	D:\CSTD\...	■ Bro... ▾
Joint6	HSR-BR60...	D:\CSTD\...	■ Gray

图 4-80 模型信息设置前

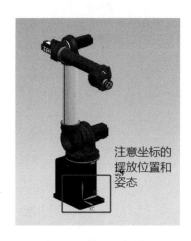

注意坐标的
摆放位置和
姿态

图 4-81 模型坐标设置

在选择关节模型后,系统会将对应的关节模型导入视图界面中,当所有关节模型导入完成后,视图中会显示组装好的机器人整体模型,可以根据视图检查各个关节模型导入是否正确。如图 4-82 所示为机器人模型信息设置完成后的参数界面和视图界面。

展开尺寸参数折叠栏,设置各个关节的长度信息。如图 4-83 所示为设置完关节长度的状态。

展开运动参数折叠栏,如图 4-84 所示,需要设置机器人各个关节的运动方式、运动方向、最小限位、最大限位、初始位置。运动方式有静止、旋转、平移三种。运动方向有 $X+$、

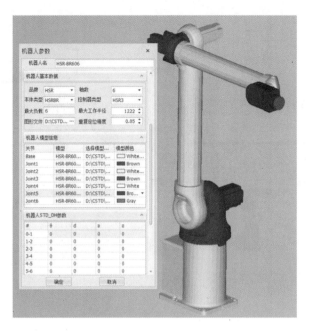

图 4-82　模型信息设置后

$X-$、$Y+$、$Y-$、$Z+$、$Z-$。初始位置表示各个关节处于视图中姿态时对应的各个关节的实轴角度。

机器人STD_DH参数

#	θ	d	a	α
0-1	0	420.5	0	0
1-2	0	0	0	-90
2-3	-90	-126.5	726	0
3-4	180	-96	0	90
4-5	0	630.5	0	-90
5-6	0	-91	0	90
6-H	0	122	0	0

图 4-83　设置尺寸参数

机器人运动参数

关节	运动方式	Min	Init	Max
Base	静止	0	0	0
Joint1	旋转	-155	155	0
Joint2	旋转	-178	-2	-90
Joint3	旋转	142	398	180
Joint4	旋转	-90	90	0
Joint5	旋转	-96	96	0
Joint6	旋转	-360	360	0

图 4-84　设置运动参数

当所有参数设置好后点击"确定"按钮,新建机器人就完成了。如图 4-85 所示,新建完成后,机器人库主界面的列表中出现该新建的机器人。

3）编辑机器人

如果需要对已经存在机器人库的机器人进行修改时,可在机器人库主界面点击"编辑"按钮,打开机器人编辑界面,对库中机器人进行参数的修改,如图 4-86 所示。界面的构成跟新建机器人相似,不同的是编辑机器人打开时参数都是当前机器人设置好的参数。在界面中可以重新设置需要修改的参数,然后点击"确定"按钮即可。

2．工具库功能

1）导入工具

工具的导入跟机器人的导入类似,不同的是,工具导入前必须已经导入了机器人,工具是依附于机器人而存在的。在工作站导航树中,用鼠标左键点击已经导入的机器人节点,选中该节点,菜单栏的"工具库"菜单变为可用状态,然后点击菜单栏中的"工具库"菜单,如图 4-87 所示。

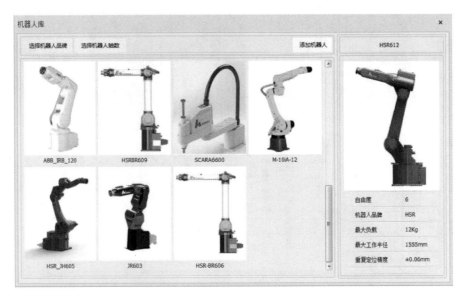

图 4-85　新建机器人完成

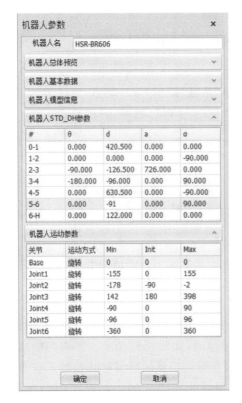

图 4-86　编辑机器人界面

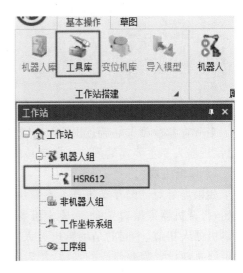

图 4-87　调出工具库主界面

　　点击工具库菜单后会弹出工具库主界面,界面上列表中显示了所有在库的工具,选择实际需要的工具后,在工具预览窗口会显示相对应的机器人的图片,点击右键菜单中的"导入"选项,即可实现工具的导入功能,如图 4-88 所示。

　　工具导入完成后,视图窗口出现选中的工具的模型,工作站导航树中在机器人节点下创

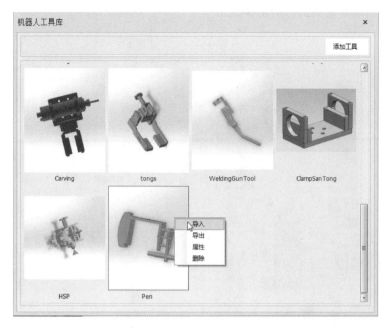

图 4-88　工具导入操作

建了工具的节点,与选中的工具名称一致,这样工具的所有参数信息就导入到了当前工程文件中,如图 4-89 所示。

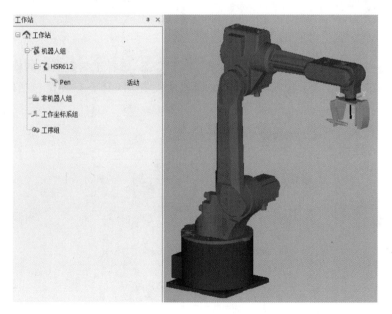

图 4-89　工具导入完成

注:工具导入后,默认工具建模坐标与机器人法兰末端 TCP 重合。在导入前要注意工具的建模坐标放置在工具连接法兰中心,可用 UG、Solidwoks 调整建模坐标系位置,如图 4-90所示。

2) 新建工具

在工具库主界面中点击"新建"按钮,弹出新建工具的界面,如图 4-91 所示。界面的所有参数都是空白或者是默认的初始参数。

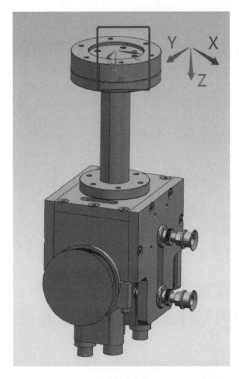

图 4-90　建模坐标系位置

图 4-91　新建工具界面的初始状态

在该界面中,需要设置工具的 TCP 位置、TCP 姿态,选择工具定义中的模型和图像。如图 4-92 所示,TCP 位置设置包括 X、Y、Z 坐标值的设置,TCP 姿态设置包括欧拉角 A、B、C值的设置。

图 4-92　TCP 位置和 TCP 姿态设置

在新建工具界面中,点击"模型选择"按钮,弹出模型文件的选择框,选中模型文件后,视图界面中会出现所选择的工具模型。点击"图像选择"按钮后,弹出图像文件的选择框,选中文件后,工具预览中会出现该工具的预览图片。如图 4-93 所示是设置好参数后的状态。

当所有参数设置好后点击"确定"按钮,新建工具就完成了。如图 4-94 所示,新建完成后,工具库主界面的列表中出现该新建的工具。

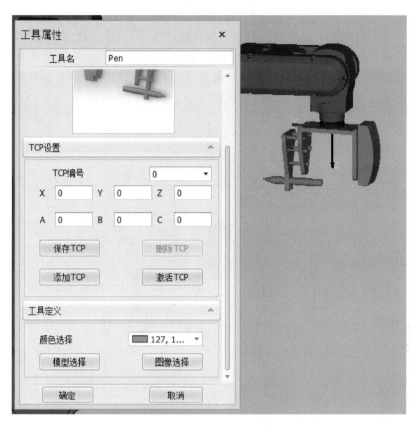

图 4-93 工具参数设置

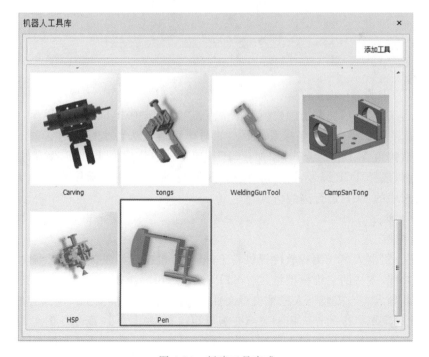

图 4-94 新建工具完成

3）编辑工具

如果需要对已经存在工具库的工具进行修改时，可在工具库主界面点击"编辑"按钮，打开工具编辑界面，对库中工具进行参数的修改，如图 4-95 所示。工具编辑界面的构成跟新建工具编辑时类似，不同的是界面中的参数都是当前工具设置好的参数，在界面中可以将需要修改的参数重新设置，然后点击"确定"按钮即可。

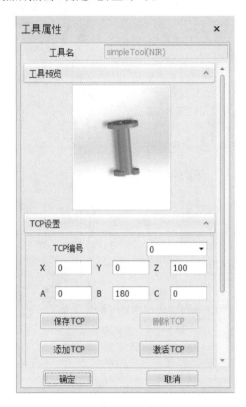

图 4-95　编辑工具界面

4）工具 TCP 设置

右键点击工具节点，在弹出的快捷菜单中点击"属性"，弹出 TCP 设置界面，如图 4-96 所示，TCP 设置界面显示了工具坐标系的原点相对于机器人法兰坐标系的 X、Y、Z 坐标与工具坐标系的欧拉角 A、B、C。点击"添加 TCP"按钮可创建新的工具 TCP，保存并激活后即可用于离线仿真；选择 TCP 编号，再点击"激活 TCP"→"确定"；单击操作节点，重新生成路径，即可切换至选中的 TCP 进行离线仿真。

3．模型功能

1）导入模型

InteRobot 机器人离线编程软件提供将工件模型、机床模型或者其他三维模型导入到工程文件中的功能，支持的三维模型格式有 STP、STL、STEP、IGS 等四种，暂不支持其他格式的三维模型的导入。当需要导入三维模型文件时，将导航栏切换至工作场景导航树，选中工件组节点，此时菜单栏中的导入模型菜单变为可用状态，如图 4-97 所示。图 4-97 显示了，没有导入工件前，工作场景导航树中只有一个工作场景根节点，在该节点下有工件组一个子节点。点击"导入模型"菜单，直接弹出"导入模型"界面，如图 4-98 所示。或者也可以在工件组节点上单击右键选择"导入模型"选项。

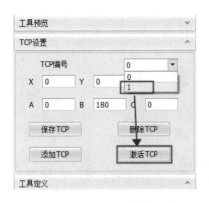

图 4-96　TCP 设置

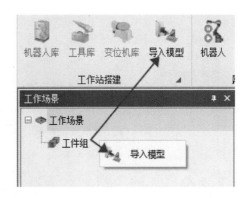

图 4-97　导入模型界面的调出

图 4-98　导入模型界面

在"导入模型"界面设置导入模型的位置、姿态、名称及颜色,如图 4-98 所示,点击"选择模型"按钮,在"文件"对话框中选择要导入的模型文件,点击"确定"按钮,就实现了模型的导入。导入后,视图中出现选中的模型文件的三维模型,并且在工作场景导航树中,在工件组节点下创建了以该工件名命名的子节点,如图 4-99 所示。

InteRobot 机器人离线编程软件支持多个模型的导入功能,重复之前的导入操作,可以继续导入其他模型到工程中,如图 4-100 所示为导入了两个模型文件的界面,视图中显示两个模型,在工作场景导航树中的工件组节点下有两个模型的子节点。

2）模型标定与位姿调整

直接导入的模型可能不在正确的位置上,此时需要用到工件标定或位姿调整的功能将模型移动到正确的位置上,以便进行正确的后续操作。在需要标定位置的模型节点上右键单击,在弹出的快捷菜单中选择"工件标定"或"位姿调整"选项,如图4-101所示,即可弹出对应界面。

如图 4-102 所示为"标定"界面和标定文件框。标定功能的操作流程是,首先选取标定机器人,标定是相对于机器人基坐标而言,不同的机器人基坐标的位置可能不同。然后点击

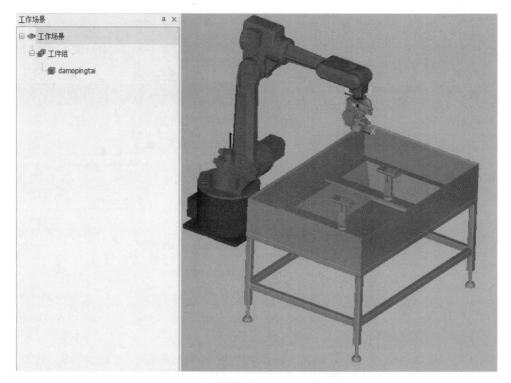

图 4-99　导入模型后

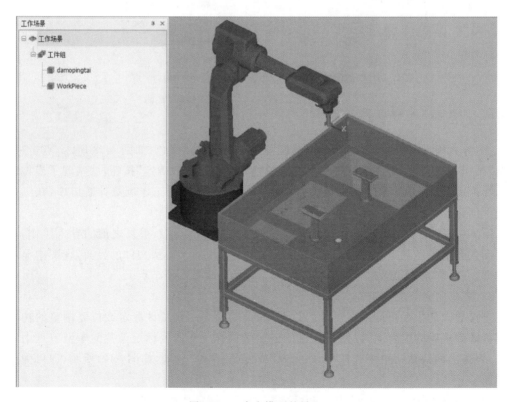

图 4-100　多个模型的导入

图 4-101　工件标定功能的调出

"读取标定文件"按钮,弹出文件选择框,选取标定文件。目前,软件采用的是三点标定法,标定文件是由九个数字组成,每三个数表示一个点的坐标。标定文件实际就是想要选中的三点在基坐标中的实际位置。

图 4-102　标定界面和标定文件

　　读取标定文件成功后,在标定界面的九个编辑框中会显示相应的数值。大家也可以选择不读取标定文件,直接在编辑框中输入三点在基坐标中的实际位置。

　　标定后的位置设置好后,依次选择 3 个标定点,分别点击"选择 P1""选择 P2""选择 P3"三个按钮,在视图中选中标定的三点,选择过程中要注意与设置的标定数据一一对应。点击"确定"按钮即可完成模型的标定,模型便移动到指定的位置。如图 4-103 所示为标定前后视图中的显示状态。

　　注:InteRobot 对工件位置的标定通过三点确定。在工件上选择三个点,记录下这三个点在机器人基坐标系下的表示,形成标定文件。通过读取标定文件,即可获取这三个点的信息,点击"确定"按钮的时候,将会把模型放置到由三点确定的唯一的空间位置上。达到软件中机器人与工件的相对位置与实际机器人与工件的相对位置几乎一致的效果。

　　如图 4-104 所示为工件位姿调整界面,该界面可对模型的位置参数与姿态进行设置,把工件放置到合适的位置。模型位置改变的是工件的建模坐标相对于世界坐标的参数值,工件导入初始状态时,工件的建模坐标与世界坐标重合;模型姿态调整的是相对于本身建模坐标的变换。

图 4-103　标定前后

4. 添加工作坐标系功能

InteRobot 机器人离线编程软件支持在工程文件中添加坐标系的功能,添加的坐标系在后续的操作中可以使用。如图 4-105 所示,在工作站导航树中,选中工作坐标系组后再右键点击,再选择右键菜单中的"添加工作坐标系"选项,弹出"添加工作坐标系"界面。

图 4-104　位姿调整

图 4-105　调出添加工作坐标系界面

如图 4-106 所示为"添加工作坐标系"界面,默认的坐标系原点是(0,0,0)。坐标姿态与基坐标一致。先选择当前机器人,再点击"选原点"按钮,从视图中用鼠标选中某一点作为坐标系的原点,也可以修改编辑框中对应的 X、Y、Z 坐标值来改变坐标系的位置。坐标系姿态可以通过姿态编辑框中的参数进行设置。

点击"确定"按钮后,添加坐标系成功。视图窗口中会出现坐标系,并且在工作站导航树的工作坐标系组节点下会产生以该坐标系名称命名的子节点,如图 4-107 所示。

5. 机器人属性栏功能

机器人属性栏中提供了对已经导入到工程文件中的机器人进行姿态控制的功能,当修改界面参数时,机器人跟随动作,功能类似示教器。如图 4-108 所示是"机器人属性"界面。首先在"当前机器人"下拉框中选择需要控制的机器人。选中机器人后,界面会显示出当前

图 4-106　添加工作坐标系

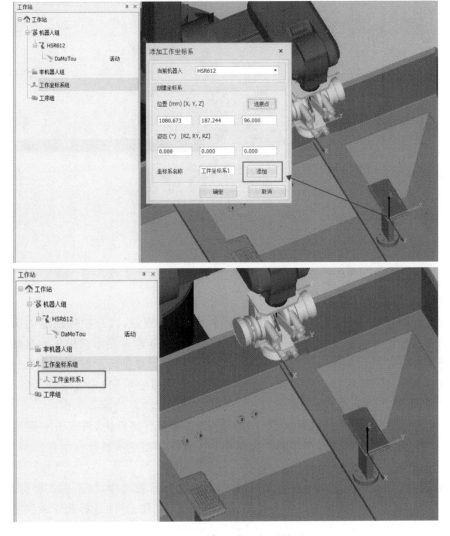

图 4-107　添加工作坐标系前后

机器人的信息,包括:基坐标系相对于世界坐标系的位姿;工具坐标系相对于基坐标系的位姿,即虚轴信息;机器人各个关节的实轴信息。其中虚轴信息可以选择是相对于基坐标还是相对于新建的工作坐标系。修改虚轴信息中的参数时,机器人末端运动到所设置的位姿处。修改各个关节的实轴信息时,机器人各个关节运动到所设置的关节角度。机器人回到初始位置按钮可以将机器人由其他姿态运动到初始姿态。

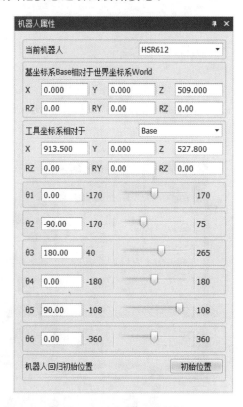

图 4-108　机器人属性栏

6.示教操作

1)创建示教操作

InteRobot 机器人离线编程软件提供示教功能的路径规划,以及相应的运动仿真、机器人代码的输出功能。在本软件中,所有有关示教的功能都是建立在示教操作的基础之上的,所以进行示教路径规划和运动仿真前,必须创建示教操作。在进行示教路径规划和仿真前,需先导入机器人、工具、工件或者工作台等。根据前面章节的步骤,先将要导入的部分导入工程文件中,并将工件标定到正确的位置上,做好创建示教操作的准备工作。

做好示教准备后,在工作站导航树上的工序组节点上右键点击,再点击右键菜单的“创建操作”选项,弹出创建示教操作界面。如图 4-109 所示是创建示教操作前视图与工作站导航树的显示情况。

“创建操作”界面如图 4-110 所示,此时操作类型选择示教操作,加工模式根据实际需要进行选择,可以选手拿工具或者手拿工件模式。机器人、工具、工件是提前导入到工程中的,选择好对应的名称,对操作进行命名,点击“确定”按钮就完成了示教操作的创建。创建操作很简单,但是创建前的准备工作非常重要。

创建示教操作完成后,在工作站导航树上的工序组节点下会产生一个示教操作的节点,

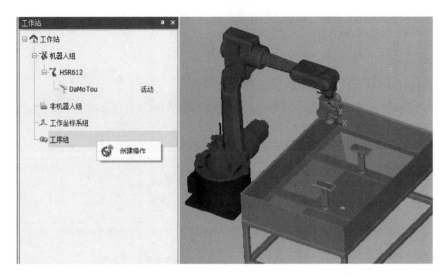

图 4-109　创建示教操作准备工作

节点名称跟操作名称一致,这样,该操作的信息就加载到了工程文件中。如图 4-111 所示为创建示教操作后的工作站导航树。

图 4-110　创建示教操作　　　　　图 4-111　创建示教操作后的工作站导航树

创建好的操作信息如果出现错误,大家还可以随时修改。在对应的操作节点上点击鼠标右键,弹出快捷菜单,如图 4-112 所示,选择"编辑操作"选项,弹出当前"编辑操作"界面,如图 4-113 所示。

"编辑操作"界面内容跟"创建操作"界面相似,只是不能改变操作的本质属性,创建的示教操作不能修改为离线操作,其他参数包括加工模式、机器人、工具、工件、操作名称都可以重新设置。

2)添加示教路径

添加示教操作后,可以在示教操作上添加路径点,形成示教加工路径。在示教操作上点击鼠标右键,在快捷菜单中选择"编辑点"菜单,如图 4-114 所示。

在没有添加点的情况下,点序号是 0,表示路径中没有点,如图 4-115 所示。

通过调整右边的机器人属性栏中机器人的当前位置参数来调整机器人的姿态,将机器

图 4-112　示教操作的右键菜单

图 4-113　编辑操作

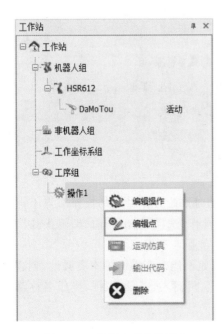

图 4-114　编辑点菜单的调出

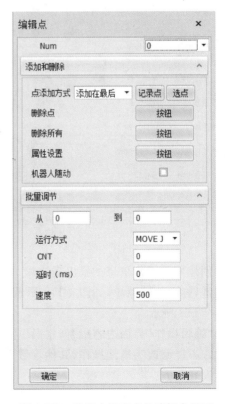

图 4-115　路径中没有点的编辑点界面

　　人姿态调整到合适姿态后,如果想添加该点为加工时机器人的路径点,可以点击编辑点窗口中的"记录点"按钮,通过调整机器人属性栏参数来调整机器人当前姿态,如图 4-116 所示。

　　点击"记录点"按钮后,大家便将机器人当前位置记录到加工路径中,此时编辑点界面上

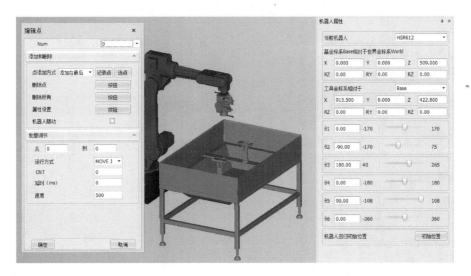

图 4-116　调整机器人姿态

的序号变为 1，表示路径中有一个点。可以按照这样操作，将所有的点都添加到加工路径中，序号也会相应增加。关闭编辑点界面后，再次打开时这些点依然存在，并且可以继续添加点。如图 4-117 所示为添加一个点后的编辑点界面。

在实际加工中，可能需要机器人运动到某些特殊的点位上去，这时通过调节机器人的姿态很难精确到达该点，在编辑点界面中"选点"按钮可以将机器人直接定位至某一个特殊的点，点击"选点"按钮后，在视图窗口中选中该点，机器人立即到达指定位置，再点击"记录点"按钮将该点位姿记录到加工路径中，也可再对该姿态进行调整后再点击"记录点"按钮，将该点位姿记录到加工路径中。

3）示教编辑点功能

在编辑点界面中，除了选点添加到加工路径中外，还有一些与添加路径相关的其他功能。

属性设置功能提供了进行 IO 属性设置的接口，点击"属性设置"按钮，弹出相应界面，在界面中输入需要设置的 IO 信息，选择在点之前输出 IO 信号或是点之后输出 IO 信号，确定后，在后续输出的机器人代码中，该 IO 信号就会根据设置进行相应的输出，如图 4-118 所示。

机器人随动功能中，大家勾选该功能后，不用进行运动仿真就可以让机器人运动到对应的点位上去。通过切换 Num 中的点数，选择不同的点，机器人就运动到不同的位置上去，如图 4-119 所示。

批量调节功能能将从起点编号到终点编号的所有点的属性一起调整，如图 4-120 所示为设置编号 1 到编号 2 的点，运行方式是 MOVEJ，CNT 为 0，延时为 0，速度为 500。路径添加的过程中，可以勾选"机器人随动"可选项，这样在切换当前点序号"Num"时，机器人便会随动到点的位置，在记录点时便可以参考上一点或前几个点的位置和姿态，从而有利于更好地设置下一个示教点的位姿。

记录点位姿的同时，还可以设置实际机器人到该点的运动方式，MOVE J 和 MOVE L 分别表示机器人走的是关节和笛卡尔坐标系，也可以设置圆弧过渡半径 CNT、延时以及速度。

图 4-117 添加一个点后的编辑点界面

图 4-118 属性设置和相应的输出代码

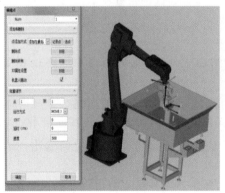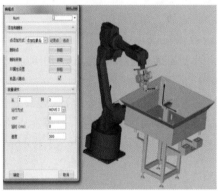

图 4-119 机器人随动在不同点的位姿

图 4-120 批量调节功能

路径添加完成后,打开"编辑点"界面,同样可以对已记录的路径点进行删除、修改或新增路径点等操作。

机器人从 A 点运动到 B 点,在不考虑时间因素的前提下,这一段路径是机器人构型的一个特定序列。实现从 A 点到 B 点的过程,有两种描述方式,一是空间坐标描述,二是关节坐标描述。MOVE L 可看作是在空间坐标系下的运动路径描述,在此方式下,将 AB 线段离散为许多个点,再由逆运动学解出一系列关节量。空间坐标系描述更为直观,能够直接看出机器人末端执行器的轨迹,但相对 MOVE J 的关节坐标描述而言,计算量大,且不能保证没有奇异点的出现。

7. 离线操作

1) 创建离线操作

InteRobot 机器人离线编程软件提供离线功能的路径规划,以及相应的运动仿真、机器人代码的输出功能。在本软件中,所有有关离线的功能都是建立在离线操作的基础之上的,所以进行离线路径规划和运动仿真前,必须创建离线操作。在进行离线路径规划和仿真前,大家需先导入机器人、工具、工件或者工作台等。根据前面章节的步骤,先将要导入的部分导入到工程文件,并将工件标定到正确的位置上,做好创建离线操作的准备工作。

做好离线准备后,在工作站导航树上的工序组节点上点击右键,在弹出的快捷菜单中选择"创建操作"选项,弹出创建操作界面。如图 4-121 所示是创建离线操作前视图与工作站导航树的显示情况。

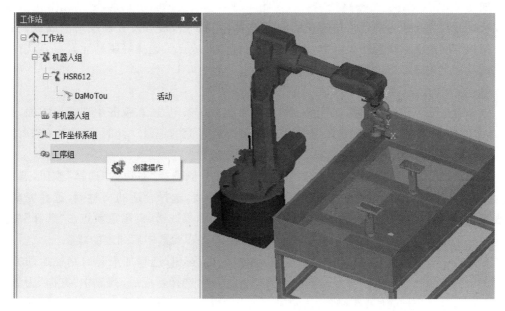

图 4-121　创建离线操作准备工作

创建离线操作的流程跟示教操作是一样的,可以参考示教操作的创建步骤。创建离线操作完成后,在工作站导航树上的工序组节点下会产生一个离线操作的节点,名称跟操作名称一致,这样,该操作的信息就加载到了工程文件中。如图 4-122 所示为创建离线操作后的工作站导航树。

2) 自动路径添加

自动路径添加也是给离线操作添加路径的方式之一。自动路径添加方式指的是通过选择需要加工的面或者线,将选中的面或者线通过一定的方式离散成点,再将点添加到加工路径中的方式。加工的路径点是批量添加到加工路径中的。

想要在离线操作中实现自动路径添加,先在左边的导航树上选中离线操作,在该节点上点击鼠标右键,在弹出的快捷菜单中选中"路径添加"选项,即可弹出"路径添加"界面,如图4-123所示。

图4-122 创建离线操作后的工作站导航树

图4-123 自动路径添加功能的调出

如图4-124所示为"自动路径"界面,在此界面中可以选择驱动元素,驱动元素包括通过线和通过面两种。通过线是指指定所需线并设置相关参数,根据设置将线离散成点。通过面是指指定所需面并设置相关参数,根据设置将面离散成点。选择好驱动元素后,点击界面下方的"添加"按钮可以向列表中添加新数据。

(1)通过面。

选择通过面方式,点击"添加"按钮后,列表中出现一条记录,在视图中选择所需面,此时"对象号"显示选中面。如图4-125所示为添加一条通过面的记录。此时,列表中的"离散状态"为"未离散","材料侧"为"未选择","方向"为"未选择"。

添加路径记录后,在列表中选中该行,点击"曲面外侧选择"右边的"选择"按钮,选择加工时工具所在的一侧。在视图中会出现两个方向选择线,选择合适的材料侧,选择完成后,列表中显示"材料侧"为数字,表示已经选择了材料侧,如果选错,只用重新点击"选择"按钮,再选择一次即可。如图4-126所示为选择曲面外侧的过程和选中后列表的状态。

在列表中选中该行,点击"方向选择"右边的"设置"按钮,选择加工时的路径运动方向。在视图中会出现八个方向选择线,选择合适的加工方向,选择完成后,列表中"方向"为数字,表示已经选择了方向,如果选错,只用重新点击"设置"按钮,再选择一次即可。如图4-127所示为选择方向的过程和选中后列表的状态。

完成材料侧和方向的选择后,此时只有"离散状态"是未离散。在离散前要进行离散参数的设置,面生成的离散参数包括弦高误差、最大步长、往复次数、路径条数、路径类型的设置。设置好后,在列表中选中要离散的行,点击右下角的"离散"按钮。此时视图中显示离散后得到的路径点。如图4-128所示为设置不同离散参数时的离散效果。

重复操作,可以添加多条通过面生成的加工路径,在列表下方有列表添加、删除、上移、下移等按钮。当所有通过面的路径添加完毕后点击"确定"按钮将回到路径添加界面,可在

图 4-124　自动路径界面

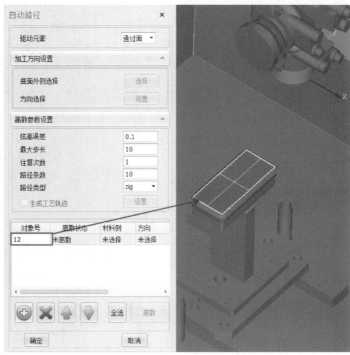

图 4-125　自动路径通过面添加一条记录

图 4-126　选择曲面外侧及选中后的状态

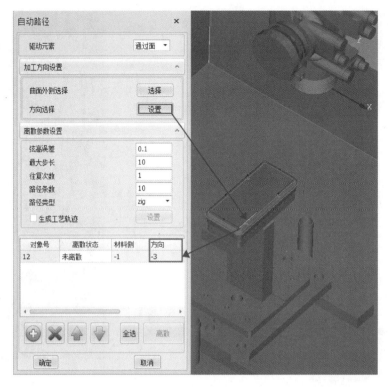

图 4-127 选择加工方向及选中后的状态

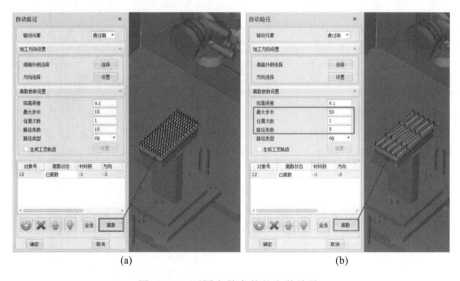

(a)　　　　　　　　　　　　(b)

图 4-128 不同离散参数的离散效果

界面中设置路径可见显示,最后在路径添加界面中点击"确定"按钮,将自动路径点添加到加工路径中,左边工作站导航树中将增加路径的节点信息,如图 4-129 所示。

（2）通过线。

通过线方式指的是选择所需线，将选中的线进行离散成加工路径点的方式。在自动路径界面将"驱动元素"改为"通过线"，点击下方的添加按钮，弹出"选取线元素"界面，如图4-130所示。

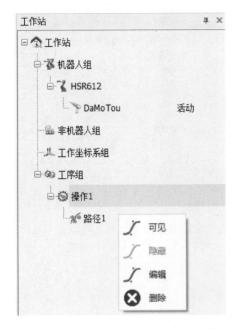

图 4-129 自动路径添加后增加的路径节点   图 4-130 "选取线元素"界面

"选取线元素"界面提供三种选取线的方式，包括"直接选取""平面截取"和"等参数线"。先点击"选择面"按钮，选择线所在的面，再点击"选择线"按钮，选中相应面上的线。选取完成后，在列表中会多一行记录。重复操作，可以多次进行直接选取，如图 4-131 所示。

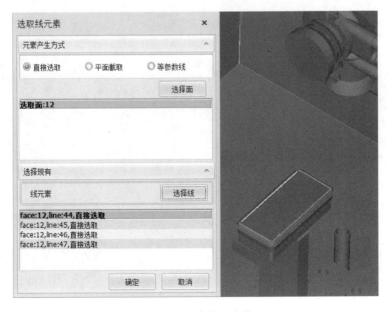

图 4-131 直接选取线

当选择"平面截取"方式时，界面如图 4-132 所示。

图 4-132　平面截取选择线

选取"平面截取"方式，点击"选择面"按钮，在视图中选取被截面。被截面被选中后相应编辑框中出现该面的序号，且"截平面"栏变为可用状态，如图 4-133 所示。

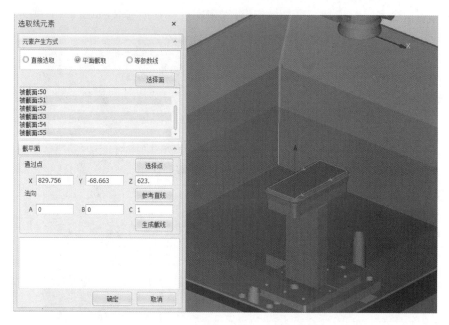

图 4-133　选择被截面后的视图状态

点击"截平面"栏中的"选择点"按钮,再在视图中选中某点,可以让截平面通过该点。点击"参考直线"按钮,可以选定截平面的法向。通过这两个功能,可将截平面从默认状态修改至实际所需状态。如图 4-134 所示为修改截平面后的视图状态。

图 4-134　修改截平面后的视图状态

点击"确定"按钮,将设置好的截平面保存至列表中,列表中出现一行线的记录。

选取"等参数线"方式时,界面如图 4-135 所示。

图 4-135　等参数线方式

点击"选择面"按钮,在视图中选择好所需面。在"等参数线"栏中设置参考方向和参数值,"参考方向"包括"U向"和"V向","参数值"可设置为0~1之间的参数。点击"生成等参数线"按钮,将设置好的参数线保存至列表中,视图中就会出现参数线,当修改等参数线的参数时,可以生成不同位置的等参数线,如图4-136所示为选择"参考方向"为"U向"和"V向"的等参数线情况。

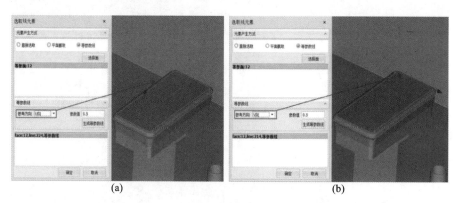

(a)   (b)

图 4-136　选择不同参考方向获得的等参数线

　　"直接选取"、"平面截取"、"等参数线"三种方式可以随意切换使用。如图4-137所示为添加了三种不同方式的线。点击"确定"后在"自动路径"界面中添加三条路径记录。

图 4-137　添加三条不同方式的线

　　与"通过面"一样,刚添加上的路径记录只有"对象号","离线状态""材料侧""方向"都是未设置状态。在列表中选中一行，点击"曲面外侧选择"右边的"选择"按钮，选择加工时工具所在的一侧，与"通过面"的操作完全一样，在视图中会出现两个方向选择线，选择合适的材料侧。选择完成后，列表中显示"材料侧"为数字，表示已经选择了材料侧。

　　在列表中选中一行，点击"方向选择"右边的"设置"按钮，选择加工时的路径运动方向。在视图中会出现两个方向选择线，选择合适的加工方向。选择完成后，列表中"方向"为数字，表示已经选择了方向，如果选错，只用重新点击"设置"按钮，再选择一次即可。如图4-138所示为选择方向的过程和选中后列表的状态。

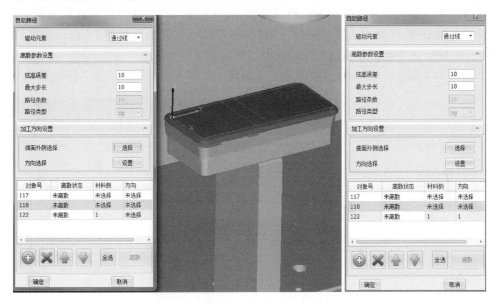

图 4-138　选择加工方向及选中后的状态

　　完成"材料侧"和"方向"的选择后，此时只有"离散状态"是"未离散"。在离散前要进行离散参数的设置，"面生成"方式的离散参数包括"弦高误差""最大步长"两个。设置好这两个参数后，在列表中选中要离散的行，点击右下角的"离散"按钮。此时视图中显示离散后得到的路径点。如图4-139所示为设置不同离散参数时的离散效果。

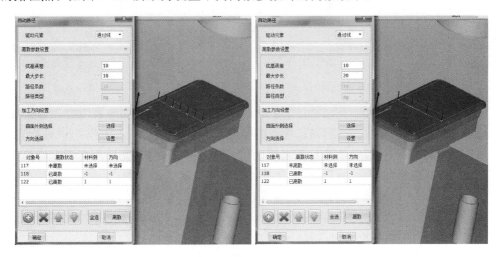

图 4-139　不同离散参数的离散效果

重复操作,可以添加多条通过线生成的加工路径,在列表下方有列表添加、删除、上移、下移等功能按钮。当所有"通过线"的路径添加完毕后可以点击"确定"按钮,将所有点添加到加工路径中。在左边工作站导航树中将增加路径的节点信息。

3)手动路径添加

手动路径添加也是给离线操作添加路径的方式之一。手动路径添加方式指的是通过鼠标点击或是参数设置的方式选择点,将选中的点添加到加工路径中的方式。添加的点是一个一个陆续添加到加工路径中的。

如果想要在离线操作中实现手动路径添加,先在左边的导航树上选中离线操作,在该节点上单击鼠标右键,在弹出的快捷菜单中选择"路径添加"选项,即可弹出"路径添加"界面。如图 4-140 所示为手动路径添加功能的调出过程。

如图 4-141 为手动路径界面,点击左上角的添加按钮可以向列表中加入新数据。

图 4-140　手动路径添加功能的调出

图 4-141　手动路径界面

添加一行记录后,列表中显示一行空记录的信息还不全,在"点击生成"或"参数生成"中设置选点方式。"点击生成"栏中,可以选择的参考元素包括"点""线""面","点"是指直接在视图中选中所需的点,"线"是指光标所在线上的投影点,"面"是指光标所在面上的投影点。"参数生成"方式包括"线"和"面"两种。选择"线"后可设置 U 轴参数,从而确定点的位置,选择"面"后可设置 U、V 轴参数,确定点的位置。"点击生成"或"参数生成"选择一个即可,选好参考元素,再点击"点击"按钮,在视图中选取所需对象,即可在列表中添加点的详细信息。如图 4-142 所示为手动路径添加点前后的差异。

重复操作,可以在列表中添加很多点,组成加工路径,在列表的上方,有列表操作按钮,包括添加、删除、上移、下移等,可以对添加的点进行适当的修改。

图 4-142　手动路径添加点前后

通过"手动路径"界面中下面"调整姿态"栏,可对列表中的点的姿态进行调整,包括法向和切向的调整。"法向"可以选择"面的法向""沿直线""反向"。点击"面的法向"按钮,可以在视图上选择一个面,使点的法向与选中的面的法向一致。点击"沿直线"按钮,可以在视图中选择一条线,使点的法向与选中的线的方向一致。点击"反向"按钮,则当前的法向取反方向。"切向"则提供角度调整框,设置好角度后点击"归零"按钮,切向也可以设置为"反向",选择相反的方向。

点添加完毕后,点击"确定"按钮将所有点添加到加工路径中,并回到"路径添加"界面,再点击"确定"按钮,即可将路径点都添加到工程文件中。在左边工作站导航树中增加了路径的节点信息,如图 4-143 所示。

4)导入刀位文件

在离线操作中,添加路径的方式有三种,包括"导入刀位文件""手动路径添加""自动路径添加",三种路径添加方式可以分别使用,也可以相结合使用,根据实际需求选择最适当的路径添加方式。

"导入刀位文件"方式是指可以将其他 CAM 软件生成的刀位文件直接导入,通过对刀位文件进行解析,获取文件中的加工路径信息,转化为本软件可识别的加工路径,以便进行后续的操作。加工的路径点是批量添加到加工路径中的。

如果想要在离线操作中导入刀位文件,先在左边的导航树上选中离线操作,在该节点上点击鼠标右键,选中右键菜单中的"路径添加"选项,即可弹出"路径添加"界面。选中"刀位文件"选项,如图 4-144 所示,点击"添加"按钮,即可调出"导入刀位文件"界面。

图 4-143　手动路径添加后增加的路径节点

图 4-144　导入刀位文件功能的调出

如图 4-145 为"导入刀位文件"界面,点击"选择刀位文件"的 ┄ 按钮,在弹出的"文件"对话框中选择需要导入的刀位文件。刀位文件导入后需要设置当前工件坐标系的 X、Y、Z、A、B、C 值。副法矢参考点的设置是为产生副法矢而设置的。副法矢 ＝ 刀轴×(刀位点－副法矢参考点)×刀轴。点击"预览"按钮,可在视图中显示添加的刀位点,直观地了解添加点的信息。

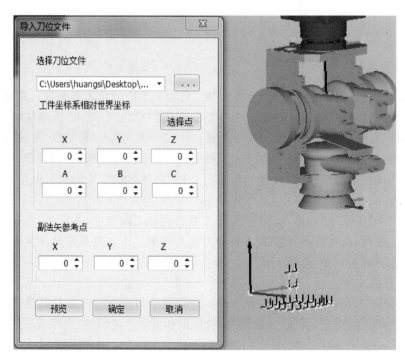

图 4-145　导入刀位文件功能

点击界面上的"确定"按钮,回到"路径添加"界面,再点击"确定"按钮,即可将刀位文件中的信息加入工程文件中,在左边工作站导航树中将增加路径的节点信息,如图 4-146 所示。

5）离线编辑操作功能

创建离线操作后，可以修改操作信息，在离线操作的节点上点击鼠标右键，选择右键菜单中的"编辑操作"选项，弹出"编辑操作"界面，如图 4-147 所示。

图 4-146　导入刀位文件后增加的路径节点

图 4-147　离线操作的"编辑操作"界面

"编辑操作"界面中很多功能按钮会出现不可用状态。"磨削点"项在离线操作的"手拿工件"模式下是可用状态。"编辑路径""进退刀点""生成路径"项在操作中有点的时候可用。"外部轴策略"在选择"单变位机"时可用。"运动仿真"则是在生成路径后可用。

当选择的离线操作是"手拿工件"模式时，必须进行"磨削点"的设置。点击"磨削点"右边的"设置"按钮，弹出"磨削点定义"界面，如图 4-148 所示。界面中需要设置磨削点的位置 X、Y、Z 以及姿态 Z、Y′、Z″。或者可以点击"选点"按钮，在视图中选择某些特殊点作为磨削点，选中后在视图窗口中显示为一个坐标系，默认的初始姿态是跟基坐标一致。点击"确定"按钮完成磨削点的设置。在"编辑操作"界面中，点击"磨削点"右边的"预览"按钮，可以在视图中预览刚建立的磨削点。

若加工需要使用变位机，则需要对"外部轴策略"进行设置，InteRobot 提供四种外部轴策略，包括无外部轴、单变位机、双变位机、焊接策略，如图 4-149 所示。在设置"外部轴策略"前，需要先导入所需变位机，再选择对应的外部轴策略。

点击"外部轴策略"右边的"设置"按钮，即可进入变位机参数设置界面，在该界面中可完成变位机加工参数的设置，如图 4-150 所示，"参考方向"设置加工时工具 Z 轴的方向，"区间角度"设置工具 Z 轴在加工过程的摆动范围。

图 4-148　磨削点定义

图 4-149　外部轴策略选择

6）离线编辑点功能

通过导入刀位文件、手动路径添加或自动路径添加的方式添加好初步的路径点后，可以通过编辑点的功能，对已经添加的点进行编辑。在离线操作的节点上点击鼠标右键，在弹出的快捷菜单中选择"编辑操作"选项，弹出"编辑操作"菜单，如图 4-151 所示。路径中有点的情况下"编辑点"按钮处于可用状态。点击"编辑点"按钮，弹出"编辑点"界面。

图 4-150　变位机参数设置

图 4-151　离线编辑点功能的调出

如果之前已经添加过路径点，则点数"点序号"栏不为 0，总点数跟添加的点数一致，并且视图中显示所有路径点，如图 4-152 所示。

已经有添加的路径点后还可以再手动添加其他点，添加方式有"添加在最后""前面加入""后面加入"，选择其中之一，即可在已有路径中添加新的点。离线编辑点的 IO 属性设置和机器人随动功能与示教编辑点的完全一致。

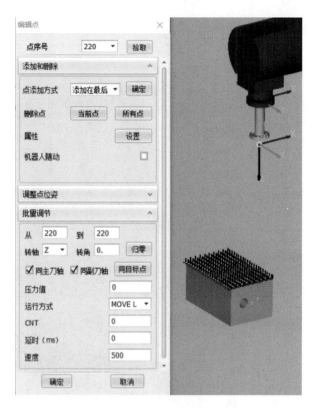

图 4-152 "编辑点"界面

"编辑点"界面提供调整点位姿的功能,对已经添加的点可以进行 X、Y、Z、A、B、C 等位姿参数的调整,调整后视图中会有相应的变化响应,如图 4-153 所示。

批量调节功能与示教编辑点功能类似,只是运行方式、CNT、延时、速度等参数还增加有转角和压力值的调节设置。调节转角和压力值后在视图中点会跟随发生变化,如图 4-154 所示为"批量调节"界面。点击"归零"按钮可将当前角度设置为参考零度。点击"同目标点"按钮后在视图中选取一点,则批量的所有点的方向都变成跟该点的方向一样。

7)进退刀设置

主要路径点设置好后,可以选择进退刀设置。在离线操作的节点上点击鼠标右键,在弹出的快捷菜单中选择"进退刀设置"选项。路径中有点的情况下"进退刀设置"按钮处于可用状态。点击该按钮,弹出"进退刀设置"界面,如图 4-155 所示。

在"进退刀设置"界面中可以设置偏移量,下拉框中可以选择是添加进刀点还是退刀点,设置好后点击"添加"按钮即可完成。如图 4-156 所示为成功添加进刀点和退刀点的情形。

8)生成路径

当所有路径点设置完成后,必须进行生成路径操作才能进行路径仿真和代码输出功能,这一点跟示教操作不同。生成路径的操作是将之前选择的路径点信息经过运动学计算转化为机器人所能识别的路径信息。完成路径设置后,点击"编辑操作"界面下方的"生成路径"按钮,软件开始进行机器人的运动学计算,如果计算后的点都可达,则提示生成路径成功,如果有点不可达则提示路径生成失败。在生成路径后,在"逆运动学解"的下拉框中选择第一组解到第八组解,直至所有点都可达,如果都不可达,则需要返回编辑点重新调整不可达点的位姿。生成路径成功后,界面上的"运动仿真"按钮变为可用状态,如图4-157所示。

图 4-153　调整点位姿

图 4-154　批量调节功能

图 4-155　"进退刀设置"界面

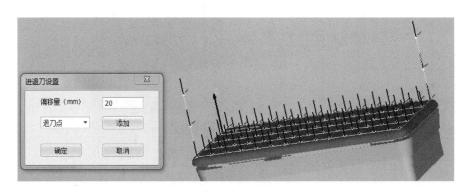

图 4-156　添加进刀点和退刀点

8. 码垛操作

1）创建码垛操作

InteRobot 机器人离线编程软件提供码垛功能的路径规划，以及相应的运动仿真、机器人代码的输出功能。在本软件中，所有有关码垛的功能都是建立在码垛操作的基础之上的，所以进行码垛路径规划和运动仿真前，必须创建码垛操作。在进行码垛路径规划和仿真前，需先导入机器人、工具、工件或者工作台等。根据前面章节的步骤，先将要导入的部分导入工程文件中，并将工件标定到正确的位置上，做好创建码垛操作的准备工作。

做好码垛准备后，在工作站导航树上的工序组节点上点击鼠标右键，在弹出的快捷菜单中选择"创建操作"选项，弹出"创建操作"界面，如图 4-158 所示。

创建码垛操作的流程跟示教创建码垛操作是一样的，可以参考示教操作的创建步骤。创建码垛操作完成后，在工作站导航树上的工序组节点下会产生一个码垛操作的节点，名称跟操作名称一致，这样，该操作的信息就加载到了工程文件中。如图 4-159 所示，为创建码垛操作后的工作站导航树。

2）码垛编辑工件

工序组下各操作节点类型有着不一样的节点图标。每次创建操作，都会在工序组节点下新增一个相应类型的操作节点。右键点击操作节点，不同的操作类型有不同的快捷菜单。对于码垛操作而言，在添加码垛路径之前，右键菜单中"编辑路径"图标显示可用，在路径添加/编辑完成后，"运动仿真"图标和"输出代码"图标将变为可用状态。此时，与离线操作和

图 4-157　生成路径后

图 4-158　码垛"创建操作"界面

图 4-159　创建码垛操作后的工作站导航树

示教操作一样，码垛操作也有着相同的后置操作——运动仿真与输出代码，如图 4-160所示。

　　码垛操作创建后，在该操作节点的快捷菜单中点击"编辑工件"，将弹出"编辑工件"界面。只需导入一个工件模型，在创建操作时选择该模型创建，在编辑工件窗口中为默认该工件，设置方向个数、相对间距，即可对工件进行布局，如图 4-161、图 4-162 所示。

图 4-160　编辑路径菜单的调出

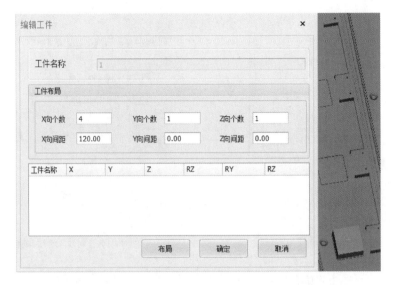

图 4-161　"编辑工件"界面

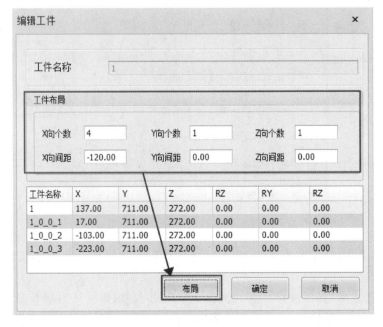

图 4-162　布局工件

3）码垛路径的添加

码垛布局工件后，在该操作节点的右键菜单中点击"编辑路径"选项，弹出"码垛路径"对话框。码垛本意是堆放物品，要实现将机器人变成码垛机器人，同样需要为机器人添加一条运动路径。

右键点击"码垛节点"，选择"编辑路径"，弹出如图 4-163 所示的"码垛路径"界面。下面以方阵式取料为例，讲解编辑路径步骤。传送带式取料的码垛路径编辑步骤与此类似。

图 4-163　方阵式取料的码垛路径

根据工件布局参数修改取料方阵信息，点击"选点"按钮，选择需要抓取的第一个工件，此时会发现机器人与出料模块发生干涉，如图 4-164 所示，调出机器人属性列表调整机器人姿态，如图 4-165 所示。

根据实际情况编辑"放料方阵信息"，如图 4-166 所示。本案例是在 X 方向上每间隔 50 mm 放一个工件，点击"放料信息"栏的"选点"按钮，选择放料的位置，因为工件本身厚度是 20 mm，所以在基准点位姿 Z 方向上加上 20 mm，回车，机器人随动到该设置的位置。

然后编辑过渡点，单击"过渡点"下的添加按钮，点击"选点"，调出机器人属性列表，通过调整机器人的 6 个轴关节，把机器人移动到一个合适的位置，把该点的 X、Y、Z 数据复制到对应的过渡点的 X、Y、Z 上。

点击"生成路径"按钮后，即可看到生成的路径点，点击"运动仿真"按钮，进行仿真，可设

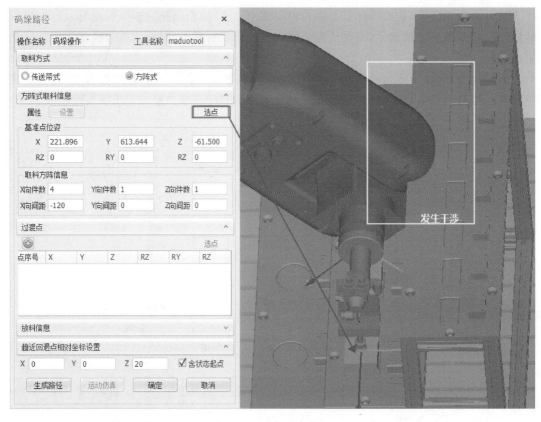

图 4-164　编辑取料信息

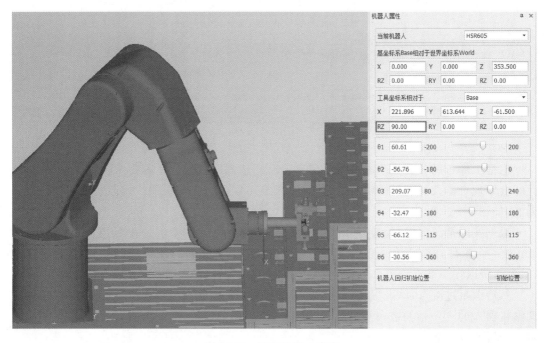

图 4-165　调整机器人姿态

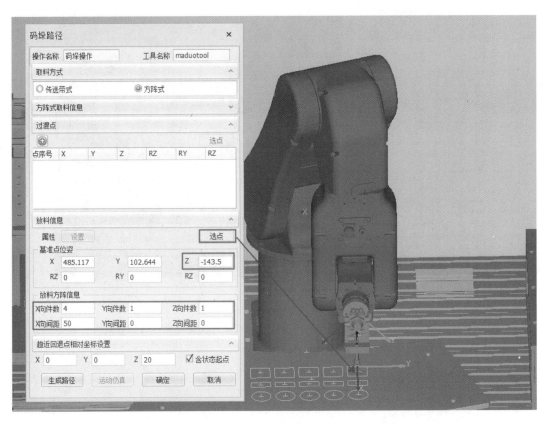

图 4-166　编辑放料信息

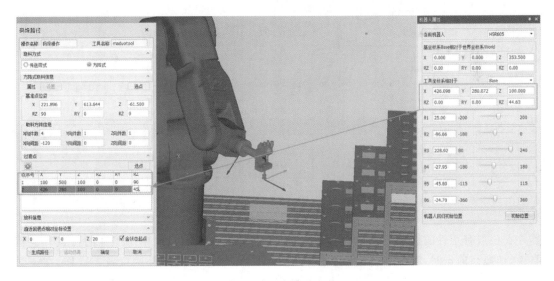

图 4-167　编辑过渡点

置仿真次数,如图 4-168 所示。

传送带式码垛的编辑路径操作和方阵式不同的是"编辑工件"中,传送带式的工件布局"X 向间距"为 0,即不同数量的工件都重叠在同一位置,如图 4-169 所示。

路径添加的过程中,当切换当前点序号时,机器人便会随动到切换的点的位置。如果机

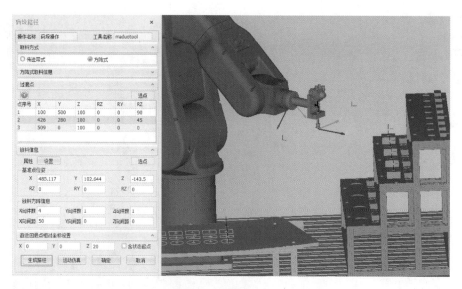

图 4-168　生成路径视图规划点

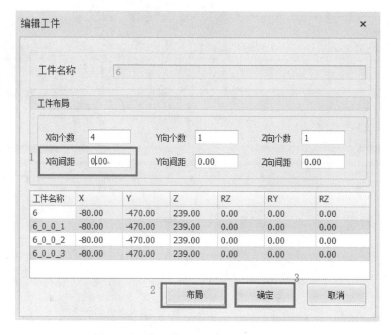

图 4-169　传送带式码垛的编辑工件操作

器人在该点有工件的抓取记录,也会同步所有工件的位置而不只是单个工件的位置。也就是说,切换当前点时,能够复现记录该点时所有工件的状态及其所处的位置。这样,在记录点时便可以参考前面点机器人位姿和工件状态,从而帮助设置下一个码垛路径点。

为了让真实机器人实现码垛操作,还需要对路径点设置 IO 属性,如图 4-170 所示。机器人将根据 IO 属性设置,实现对工件的抓取和放下操作,对于每一个点的 IO 属性设置,同样会被保存在码垛路径中。

9. 运动仿真

离线操作、示教操作和码垛操作都具有运动仿真的功能。示教操作和码垛在路径点添

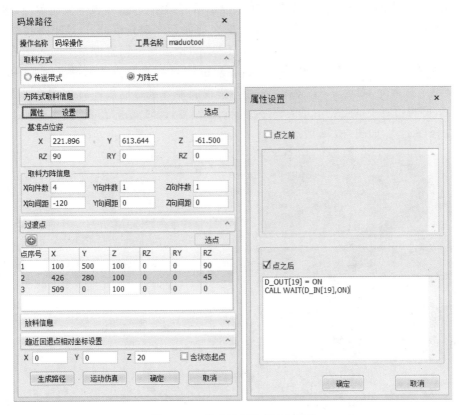

图 4-170　设置放料取料 IO 参数

加完成之后可以进行运动仿真，离线操作则需要在生成路径成功之后才能进行运动仿真。满足前提条件的情况下，选中需要仿真的操作节点，点击右键菜单中的"运动仿真"选项，如图 4-171 所示，弹出"运动仿真"界面。

图 4-171　示教操作、离线操作和码垛操作的运动仿真功能的调出

"运动仿真"界面弹出后,在视图界面上会显示所有的路径点,列表中会显示当前仿真路径的所有点的详细信息。仿真界面的具体功能在前面都详细介绍过了,这里不再赘述。基于坐标系功能表示点位信息在世界坐标系上不变,切换点在不同坐标系中的表示方法。切换工作坐标系功能表示保持点在坐标系中的相对位置不变,变化点在世界坐标系中的位姿。IPC 控制器连接部分,勾选"IPC 控制器插补",将控制器与电脑连接好后,点击"加载程序到IPC"按钮,可将仿真中的点位信息的程序上传到控制器,此时点击"仿真"按钮则加工现场机器人根据程序运动,如图 4-172 所示。

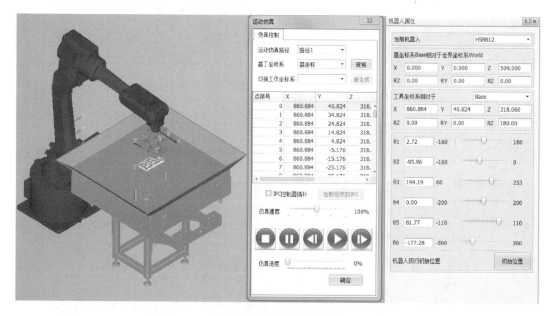

图 4-172 "运动仿真"界面

10. 输出机器人控制代码

离线操作、示教操作和码垛操作都具有输出机器人代码的功能。示教操作和码垛操作在路径点添加完成之后可以输出机器人代码,离线操作则需要在生成路径成功之后才能输出机器人代码。满足前提条件的情况下,选中需要输出机器人代码的操作节点,点击右键菜单中的"输出代码"选项,如图 4-173 所示,弹出输出机器人代码功能界面。

在弹出的代码输出界面中,列表中列举了工程中所有操作及详细信息,选中需要输出代码的操作,"控制代码类型"包括"实轴"和"虚轴"两种模式。选择输出代码的保存路径及名称,点击"输出控制代码"按钮,即可将代码输出到设置的路径中。点击"阅读控制代码"按钮,可直接将已生成的代码文件打开,进行查看,如图 4-174 所示。

代码还可以根据选定的工件坐标系输出,输出的代码的点位信息是基于工件坐标系的,这样的代码可移植性高。勾选"工件坐标系"选项框,在下拉框中选中对应的坐标系,并设置该坐标系在示教器中的序号。

11. 工程文件的保存和打开

在工程文件操作的过程中可以随时将已经设置好的工程文件进行保存,点击工具栏的"保存"或者是"另存为"图标,可将当前的工程文件保存下来,如图 4-175 所示。保存的路径不能包含中文字符。

保存后的文件后缀名为.inc。如图 4-176 所示是保存后生成的文件。

图 4-173　输出机器人代码功能的调出

图 4-174　代码输出

图 4-175　"保存"和"另存为"

0710.inc
0717.inc
0727.inc

图 4-176　保存后生成的文件

　　保存好的文件可以直接打开,运行机器人离线编程软件时,在启动后的界面中点击"打开"按钮,选择要打开的文件即可,如图 4-177 所示。

　　将 .inc 文件打开后,视图和节点情况应该与保存时的状态一致,如图 4-178 所示。

图 4-177　打开功能

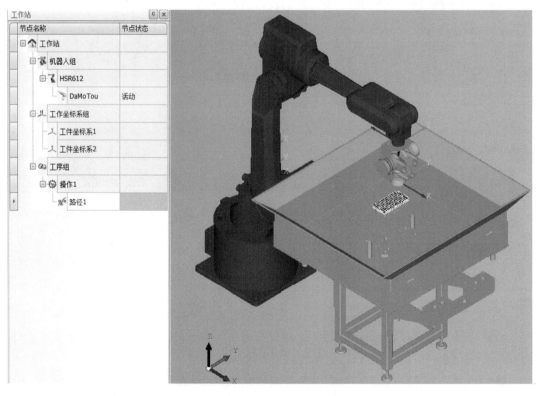

图 4-178　.inc文件打开后

任务三　工业机器人离线编程应用

任务目标

◆ 熟悉喷涂离线编程软件的主要操作;

◆ 了解工业机器人离线编程在喷涂领域的应用方法。

知识目标

◆ 熟悉离线编程软件的操作界面及基本功能;

◆ 掌握喷涂离线编程软件的基本操作。

能力目标

◆ 能使用离线编程软件生成加工路径并进行仿真;

◆ 能操作离线编程软件生成机器人识别的代码程序。

任务描述

本任务将以花瓶喷涂离线编程为例,介绍离线编程软件的操作流程和使用功能,让读者掌握 InteRobot 离线编程软件在喷涂领域的应用方法。

知识准备

一、喷涂工艺分析

本例选择花瓶作为加工对象,使用的机器人型号为 HSR-JR605,该机器人控制器配备的是华数机器人控制器。为了使机器人能够一次加工到工件的大部分表面,在工件端安装轴线为 Z 方向的旋转变位机,使花瓶绕 Z 轴旋转。

现场的喷涂要求包括:

①利用喷涂机器人对花瓶进行喷涂,要求对所有外侧可见面均匀喷涂;

②喷涂时,为了保证工件表面均匀,喷枪距工件表面的距离控制在 150 ± 20 mm;

③在空行程中,要求喷雾关闭,避免浪费。

二、喷涂操作步骤

1. 工作站搭建

1)机器人导入

首先从机器人库导入机器人,亦可根据实际需求新建机器人导入,如图 4-179、图 4-180 所示,本次选择 HSR605 机器人。

2)新建工具

单击导入的机器人节点,工具库功能被激活,如图 4-181,单击"工具库",进行工具的新建;导入工具后,设置工具 TCP 的位姿,本案例所用 TCP 坐标为(−35,0,129,0,−180,0),单击"保存 TCP"→"激活 TCP"→"确定"按钮,完成工具新建,如图 4-182 所示。返回工具库界面,选中新建的工具,单击"导入"→"确定"。

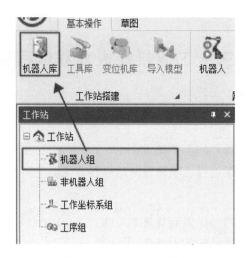

图 4-179　机器人库激活

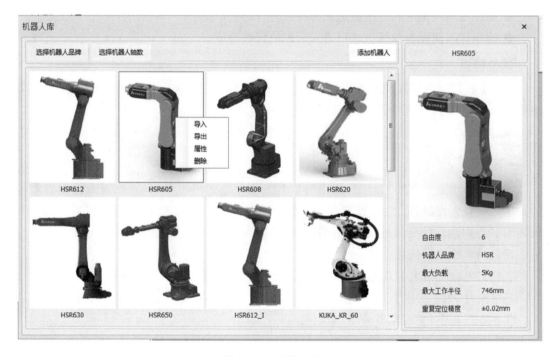

图 4-180　机器人导入

3）修改 TCP 设置

工具导入完成后，若需要修改 TCP 位置，可以进入"工具属性"界面，右击选择"属性"选项，如图 4-183，修改 TCP 的参数，然后点击"保存 TCP"→"激活 TCP"后，修改的 TCP 被激活。

离线程序需应用与实际加工时，需要用四点标定法对工具 TCP 进行标定，获取实际 TCP 位姿；用户每次修改 TCP 参数后，需要单击"激活 TCP"按钮，激活 TCP。

2. 工作环境搭建

1）工件导入

①切换至工作场景，单击工件组，导入模型功能激活；亦可右键单击工件组节点，选择

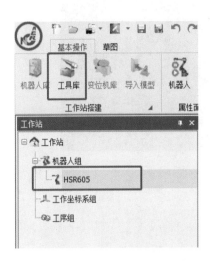

图 4-181 工具库激活

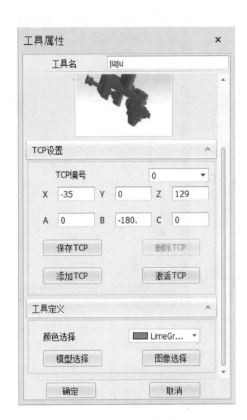

图 4-182 工具新建

"导入模型"选项,如图 4-184 所示。

图 4-183 修改 TCP 参数

图 4-184 导入模型功能

②单击"选择模型",进行模型的加载导入,设置模型的位置参数,单击"确定"完成导入。工件导入后,工件的建模坐标默认与世界坐标系重合(即机器人安装底座处的坐标系),因此在工件导入前,已用 UG 软件对工件的建模坐标按布局的位置进行了偏离,因此导入后,工件的位置 X、Y、Z 设为 0 即可,如图 4-185 所示。

③工件导入完毕后,若程序需要应用于实际加工,需要对工件进行标定,获取工件实际位置,如图 4-186 所示;读取标定文件后,选择 P1、P2、P3 时,需要对应实际标定的三个点。

图 4-185　选择模型导入与参数设置

图 4-186　工件标定

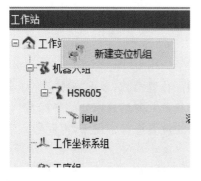

图 4-187　新建变位机节点添加

2）变位机新建

①右键单击工作站节点，如图 4-187 所示，选择右键菜单中的"新建变位机组"选项，工作站添加变位机组。

②单击"新建"按钮，进入"变位机新建"界面，依次选择"变位机预览图"→"变位机模型"。注意变位机的模型需要拆为 Base 和 Axis 两部分，分别导入。变位机的导入位置的原理与上述工件导入的原理一致，可先把变位机整体模型的建模坐标根据实际布局做好偏移，然后分成两部分导出，导入

的变位机模型则不会发生位置有偏差的现象。

③设置变位机模型参数：Base 建模参数决定变位机建模坐标相对于世界坐标系的位置，修改该参数会改变变位机的位置，由于本变位机的建模坐标已在 UG 软件做好了偏移，因此 Base 坐标为(0,0,0)即可；Axis 建模参数决定变位机转轴的位置，本案例需要变位机绕世界坐标系的 Z 轴转动，则该参数是定义 Z 轴相对于变位机的建模坐标的绝对位置，因为 Base 的建模坐标放置于(0,0,0)处，与世界坐标系重合，因此 Axis 的参数为转轴相对于 Base 建模坐标的位置；Axis 的参数是绝对的，即使改变 Base 的模型参数，Axis 相对于 Base 建模坐标的位置不发生改变。Axis 建模参数原理如图 4-188 所示。

④设置变位机运动参数：此参数决定的是变位机转轴的方向，即绕世界坐标系的哪条轴旋转，−180°～180°是转轴的运动范围，"初始位置"定义的是旋转轴的初始位置。"变位机编辑"对话框如图 4-189 所示。

⑤单击"确定"按钮完成变位机参数的编辑，返回"变位机库"界面，选中变位机，单击"导入"按钮即可。

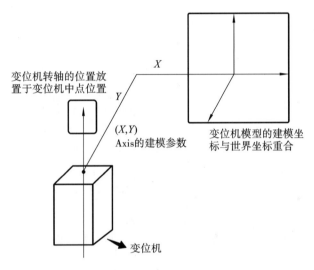

图 4-188　Axis 建模参数原理图

注：工件导入时，工件的建模坐标默认与软件世界坐标重合，因此工件的建模坐标在建模时要注意放在合适的位置，避免不必要的麻烦。

3. 创建操作

右键单击工序组节点，选择"创建操作"选项，进入该界面，如图 4-190 所示，选择操作类型、加工方式、工具、工件；默认是第一个被导入的工件，因此需注意选择本次需要被加工的工件，以免影响后面的操作。

4. 路径添加

①右键单击操作 1 节点，选择路径添加。

②弹出"路径添加"界面后，选择"自动路径"，单击"添加"按钮，如图 4-191 所示，进入"自动路径"界面。

③驱动元素选择线，单击左下角"＋"号，添加对象。

④选择"等参数线"方式，按如图 4-192、图 4-193 所示依次添加等参数线；第 5、6 条参数

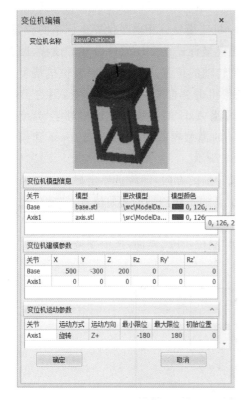

图 4-189　变位机编辑

图 4-190　创建操作

图 4-191　路径添加

线的生成与 3、4 参数线的面一样,参数改为 0.5 即可。

⑤单击"确定"按钮,返回"自动路径"对话框;单击任意对象号后,单击"全选",选中全部对象,如图 4-194 所示。

⑥单击"曲面外侧选择"后的"选择"按钮,依次选择材料的外侧方向。

⑦单击"方向选择"后的"设置"按钮,选择加工的方向;在选择时,要注意方向的连贯性;如图 4-195、图 4-196 所示,1 号对象选择的是逆时针,则其他对象的方向也应保持逆时针;这

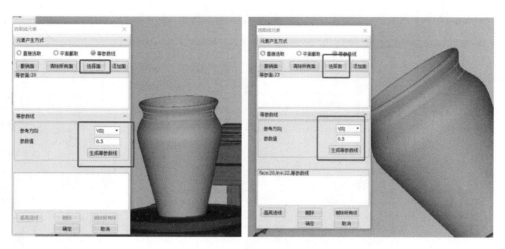

图 4-192　第 1、2 等参数线

图 4-193　第 3、4 等参数线

图 4-194　对象生成

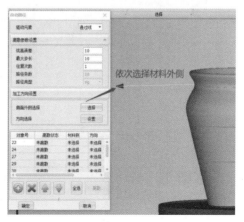

图 4-195　材料外侧选择

样选择能保持每个对象首尾相连,防止机器人与花瓶发生碰撞。

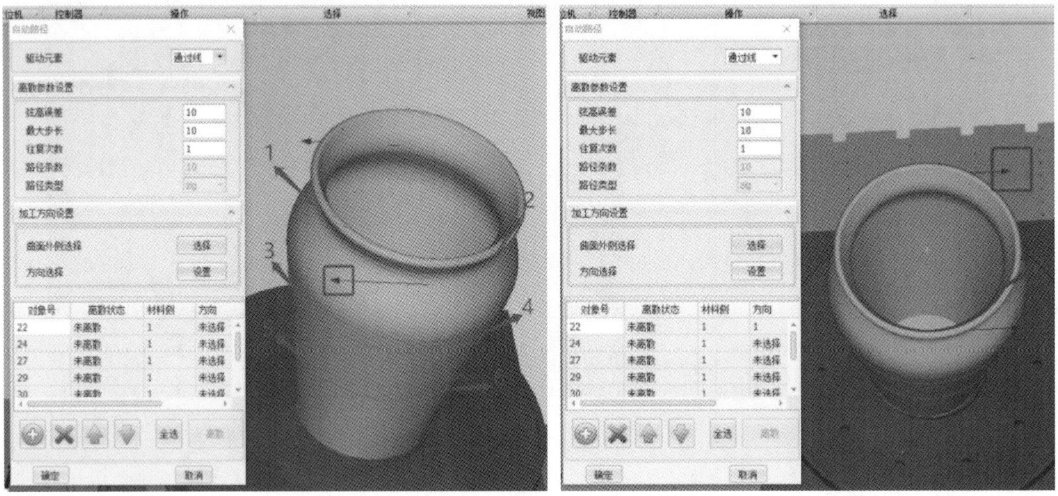

图 4-196　方向选择

⑧加工方向与离散参数设置完毕后,全选对象,单击"离散"则可生成路径点,如图 4-197 所示。

图 4-197　离散点

5. 编辑操作

(1)右键单击喷涂节点,选择右键菜单的"编辑操作"选项,如图 4-198 所示。

图 4-198　编辑操作

（2）喷涂时，喷嘴应该离开花瓶一定距离，因此，需要把轨迹点往外进行偏离；如图 4-199，在"批量调节"栏输入 1～39，回车，选中所有点；设置"压力值"为"－20"，回车，使全部点往外偏离 20 mm（除了调压力值这种方法，还可以通过调整工具 TCP 参数，使 TCP 偏离喷嘴一定值）。

图 4-199　调整压力值

（3）勾选"机器人随动"，拾取点，观察机器人的姿态是否合理。若机器人发生干涉，则调整点的姿态。把路径点的副刀轴反转180°，即可解决干涉问题。

（4）如图4-200所示，选中全部点，设置"转轴"为"Z"，"转角"为"180°"，单击"同目标点"按钮，所有点均会绕自己的Z轴翻转180°，翻转后，点的副刀轴朝下。

图4-200 调整路径点姿态

（5）点姿态调整后，机器人姿态合理，不发生干涉。

（6）返回主界面，右键单击变位机节点，选择右键菜单的"关联"选项，进入界面后，如图4-201所示，关联机器人和工件。

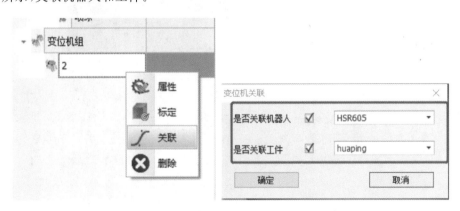

图4-201 变位机关联

（7）进入编辑操作界面，选择"外部轴策略"为"单变位机"策略，单击"设置"按钮，如图4-202所示。

图 4-202 设置变位机加工策略

(8) 设置变位机加工参数；加工方向决定了加工时工具 TCP 主刀轴相对于世界坐标系的主要方向，通常设为机器人姿态合理且变换简单的姿态，如图 4-203 所示，机器人处于该姿态是比较合理的，且变换为该姿态比较简单，因此选择这个姿态下的主刀轴方向作为加工方向，该方向与世界坐标系 Y 轴的正方向重合，因此把参考方向设为(0,1,0)。

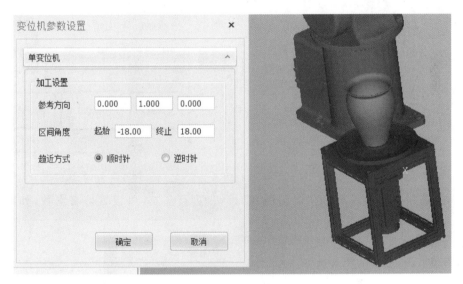

图 4-203 变位机参数设置

(9) 角度决定加工时主刀轴与参考方向的夹角变化范围，夹角范围越小，在加工过程中，机器人主刀轴的方向变化越小。

(10) 趋近方式的原理如图 4-204 所示，花瓶上某路径点的主刀轴方向与参考方向夹角大于区间角度(本案例区间角度设为-18°~18°)，因此变位机需要转动，使该主刀轴的方向转到与参考方向间的夹角为-18°或+18°时，机器人开始进行喷涂；假设主刀轴与参考方向夹角为120°，如图 4-204 所示，如果选择的是逆时针方式，变位机把路径点的主刀轴转到与参考方向夹角为-18°时，机器人开始加工该点；顺时针方式则是变位机把路径点的主刀轴转到与参考方向夹角为+18°时，机器人开始加工该点；顺时针方式是就近原则，变位机若把该路径点参考方向转到+18°时，转动的角度更小，则在+18°时机器人便开始加工；若转到-18°时，变位机转动角度更小，则是把路径点转到-18°，便开始加工；逆时针方式则是就远原则。

5. 生成路径与代码输出

(1) 变位机参数完毕后，单击"确定"按钮返回"编辑操作"界面，单击"后置处理"栏的

"生成路径"按钮,完成路径生成,如图 4-205 所示。

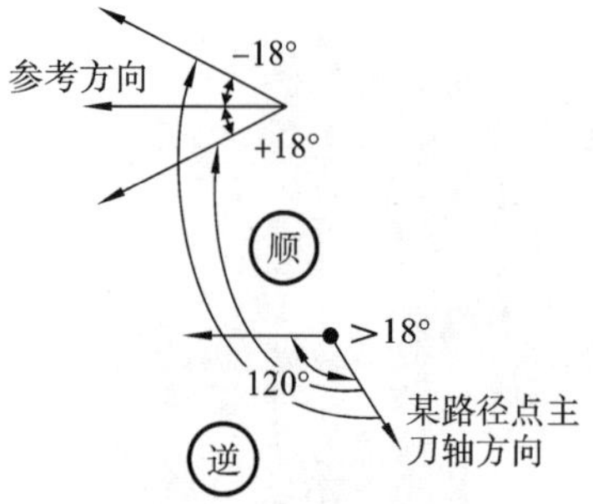

图 4-204　趋近方式

图 4-205　后置处理

（2）生成路径成功后,单击"运动仿真"按钮,进行仿真,可设置仿真次数,如图 4-206 所示。

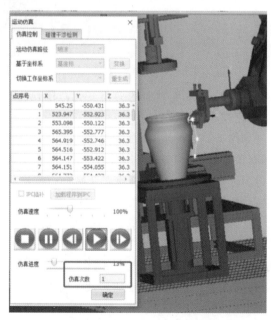

图 4-206　运动仿真

（3）检查仿真无误后，单击"输出代码"按钮，选择控制代码类型与保存路径后，单击"输出控制代码"即可，如图 4-207 所示。

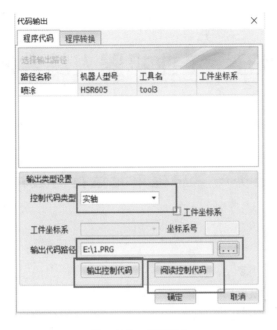

图 4-207　代码输出

项目实训

根据要求完成轮廓轨迹的离线编程仿真工作站的搭建，创建离线编程操作、路线生成及仿真，并导入机器人中进行实际运行。

要求：

（1）工作站中添加机器人，自定义添加机器人工具，并将其 TCP 设置与实际一致。

（2）工作场景中添加轨迹面板工件，并完成工件标定。

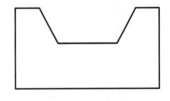

（3）创建离线操作，完成如图 4-208 所示的轨迹面板的轨迹路径生成并仿真。

图 4-208　轨迹示意图

（4）离线编程中添加激光笔开关信号。

（5）分别生成控制代码类型为实轴和虚轴的程序，并导入机器人示教器中自动运行。

（6）实际运行中，激光笔与轨迹面板保持一定高度。

思考与练习题

1. 与示教编程相比，离线编程有什么优点？

2. InteRobot 离线编程具有哪些功能及特色？

3. 离线编程的操作过程包括哪些？

项目五 工业机器人综合应用

任务一 总控单元运行与应用

任务目标

◆ 了解总控单元的功能；

◆ 理解总控单元在整个工业机器人职业技能平台中所起到的作用；

◆ 掌握总控单元的调试。

知识目标

◆ 了解总控单元的功能及应用；

◆ 掌握总控单元的调试与应用。

能力目标

◆ 能根据任务正确配置工单并运行；

◆ 能正确运用总控单元实现职业技能平台的手动调试功能。

任务描述

本任务将以总控单元为例,介绍总控单元的基本功能及操作,以及总控单元的运行调试及应用。

知识准备

一、总控软件介绍

1. 主界面

华数机器人总控软件的主界面如图 5-1 所示。右侧包含 4 项内容:运行窗口、工单配置 & 手动调试、IO 状态和报警信息。左侧状态栏包含模式、当前运行程序、机器人坐标、PLC 报警、机器人报警。底部信息区包括圆形、方形、矩形工件的工单任务数量,剩余的圆形、方形、矩形工件的工单数量和 IR1、IR2,其中 IR1 是机器人功能执行命令寄存器,IR2 是机器人功能执行命令反馈寄存器。

2. 工单配置 & 手动调试

点击"工单配置 & 手动调试"按钮,出现如图 5-2 所示界面。

1) 工单配置

工单配置包括任务模式一和任务模式二。任务模式一只要求配置圆形工件的派单数

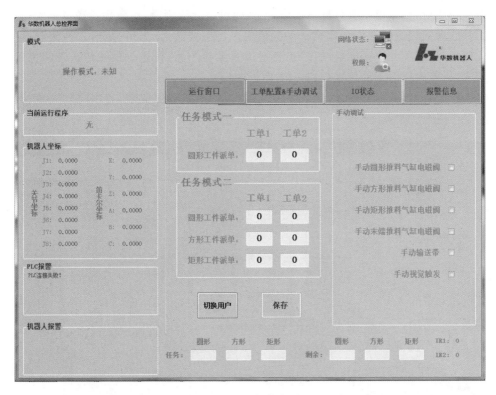

图 5-1　视觉软件主界面

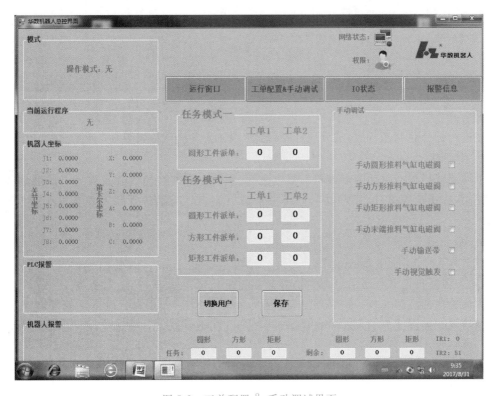

图 5-2　工单配置 &. 手动调试界面

量。派单完成后,出库单元执行推料动作,工件通过视觉检测后,运行到传送带尾端,机器人抓取工件放置到相应的立体仓库位。任务模式二可配置圆形、方形、矩形工件的派单数量。派单完成后,出库单元执行推料动作,工件通过视觉检测后,传送工件在传送带的位置信息给机器人,机器人抓取工件放置到相应的立体仓库位。

在进行配置时,先需要登录,然后才可以进行设置,设置完成后,点击"保存"按钮,如图5-3、图5-4、图5-5所示。

图5-3 登录权限

在进行综合联调运行时,需要选择正确的工单模式去运行,如图5-6所示。

2)手动调试

手动调试栏包括手动圆形推料气缸电磁阀、手动方形推料气缸电磁阀、手动矩形推料气缸电磁阀,选择这些项目,就可以对上料平台进行出料。手动输送带可对传送带进行启停控制。

3.IO状态

点击"IO状态"按钮,出现如图5-7所示界面。IO状态显示总控PLC的部分输入输出状态,输入包括机器人状态信息,运行、停止、暂停、使能等状态,安全光栅,机器人反馈编码信息。输出包括机器人执行指令状态,机器人命令执行编码,推料气缸电磁阀控制状态,视觉触发状态。通过此界面可实时查看运行中的IO状态。

4.报警信息

点击"报警信息"按钮,出现如图5-8所示界面。报警信息包括PLC报警信息框和机器人报警信息框。

图 5-4　登录成功

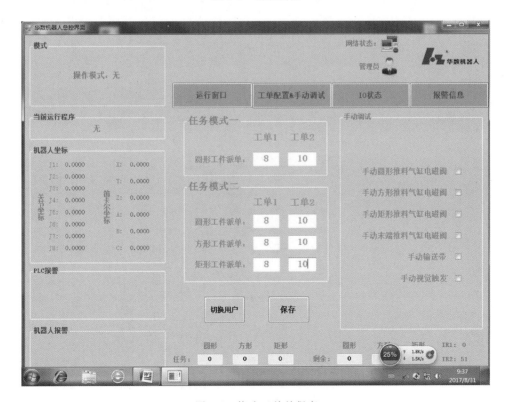

图 5-5　修改工单并保存

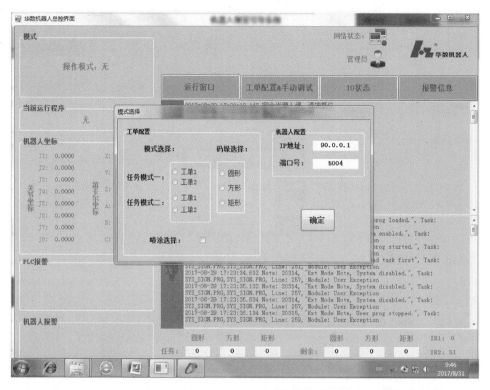

图 5-6　选择工单模式

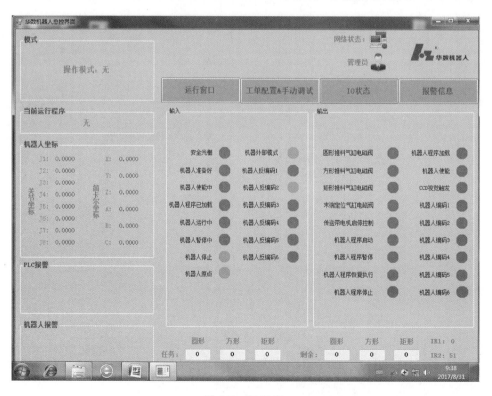

图 5-7　IO 状态

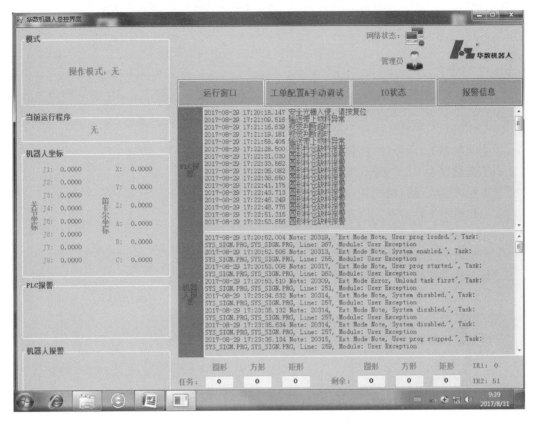

图 5-8 显示 PLC 和机器人报警信息

任务二 工业机器人综合应用

任务目标

◆ 掌握工业机器人职业技能平台中的调试；

◆ 掌握工业机器人综合应用的联调。

知识目标

◆ 了解工业机器人职业技能平台的应用；

◆ 掌握工业机器人职业技能平台的操作与相关设置。

能力目标

◆ 能够独立进行工业机器人职业技能平台的联调。

任务描述

本任务将以工业机器人职业技能平台为例，介绍工业机器人综合调试的步骤和方法。使读者能够独立完成工业机器人职业技能平台的综合应用。

知识准备

一、联调方法

1. 联调准备

1）工业机器人准备

①工业机器人程序已示教编程。

②工业机器人工具选择标定好的工具坐标。

③工业机器人"急停"按钮打开。

④工业机器人 EXT_PRG 变量已经设置好。

⑤工业机器人运行模式是外部运行。

⑥工业机器人处于零点位置。

2）视觉系统准备

①相机的亮度及焦距已调整好。

②视觉软件的系统已正确设置。

③视觉系统方案已加载。

④视觉系统的视觉工件模板和颜色已创建好。

⑤视觉系统已完成相机标定。

3）其他准备

①工件已放在对应自动上料平台。

②总控单元没有报警。

③平台联调模式选择自动模式。

④工单任务已配置好。

2. 联调步骤

（1）按下"启动"按钮，再按下"复位"按钮。

（2）在弹出的"模式选择"界面选择正确工单，系统会根据工单任务自动执行。

（3）完成一个工单任务后，按下"停止"按钮。

（4）根据下一个工单任务，再次执行上述（1）～（3）的步骤。

二、报警及处理方式

在自动联调运行中，常见报警及解决方法如表 5-1 所示。

表 5-1 常见报警及解决方法

报 警 提 示	问题解决方法
圆形推料气缸不在始位报警	①检查气源输送是否正常； ②手动复位气缸，再启动
圆形推料气缸不在末位报警	①检查气源输送是否正常； ②手动复位气缸，再启动
方形推料气缸不在始位报警	①检查气源输送是否正常； ②手动复位气缸，再启动
方形推料气缸不在末位报警	①检查气源输送是否正常； ②手动复位气缸，再启动

报 警 提 示	问题解决方法
矩形推料气缸不在始位报警	①检查气源输送是否正常; ②手动复位气缸,再启动
矩形推料气缸不在末位报警	①检查气源输送是否正常; ②手动复位气缸,再启动
末端定位气缸不在始位报警	①检查气源输送是否正常; ②手动复位气缸,再启动
末端定位气缸不在末位报警	①检查气源输送是否正常; ②手动复位气缸,再启动
圆形料仓缺料报警	①检查料仓是否缺料,如果不足,则加料; ②检查传感器是否正常
方形料仓缺料报警	①检查料仓是否缺料,如果不足,则加料; ②检查传感器是否正常
矩形料仓缺料报警	①检查料仓是否缺料,如果不足,则加料; ②检查传感器是否正常
等待视觉信号报警	检查视觉通信和视觉检测是否正常
机器人不在外部模式	把机器人切换到外部模式下,再启动
安全光栅保护区域入侵报警	清除区域中的遮挡物,确定安全后,复位光栅
"暂停"按钮已按下报警	"暂停"按钮已按下,按"复位"再启动
"急停"按钮已按下报警	旋起"急停"按钮,解除安全问题后,再启动
机器人未响应报警	①检查机器人通信是否正常; ②检查机器人是否有报警
机器人程序出错报警	机器人程序运行出错,检查编写的程序语法问题
机器人不在原点位置报警	将机器人手动回到原点位置再启动
输送带传感器上有料报警	启动前,清除传送带上的余料
机器人暂停中报警	按"复位"按钮后再启动
机器人加载不成功	①卸载后再次加载; ②检查机器人程序和运行设置问题
机器人未准备好	等待程序加载
机器人未运行	等待程序运行
视觉未检测错误	检查视觉模型是否创建成功,手动测试
视觉检测颜色错误	检查视觉颜色是否创建,手动测试
视觉未开启	开启视觉系统和软件
视觉判断超时	①首次运行较慢,等待 10 s 左右; ②检查模板和颜色是否创建

续表

报 警 提 示	问题解决方法
输送带上物料异常	清除上料线上的异物
安全光栅入侵,请按复位	清除障碍物,确保无人员进入光栅下,复位,启动机器人
暂停中,按"复位"继续	按下"复位"按钮
急停中	旋起"急停"按钮,解除安全问题后,再启动
任务模式未选择,请选择	选择工单模式
上位机未运行,请开启	开启上位机软件
任务模式操作数设置错误,请设置	工单参数设置错误,检查参数设置,重新设置再启动

项目实训

1. 总控单元的手动功能调试

通过总控软件手动调试界面,实现总控控制圆形推料气缸出料、方形推料气缸出料、矩形推料气缸出料、传送带启停控制等功能。

2. 工业机器人综合应用实训

根据要求完成以下任务,实现工业机器人职业技能平台的自动化运行。

(1)智能视觉系统的调试与应用。

①完成视觉软件调整,在软件中能够实时查看相机下方传送带上的物料图像,要求物料图像清晰。

②完成视觉系统的设定,正确加载方案。

③完成视觉系统的模板设置。

④完成视觉系统的相机标定。

(2)工业机器人编程与调试。

根据任务要求编写相应程序,逐一将传送带的工件搬运到立体仓库或余料的指定位置。编写程序所需要的取放料的编码定义、夹具 IO 地址等信息见附录 A。

要求:

①工作流程的起始点为机器人零点位置。

②选择标定的工具坐标系进行工件的吸取和释放。

③工业机器人自动完成夹爪工具的抓取动作。

④取料点位置信息由视觉系统给工业机器人(LR[1]),不需要示教,其他点位信息需要示教设置。

⑤根据整体流程图(见图5-9),操作机器人完成工单任务。在机器人工单任务中,总控 PLC 与机器人的交互信号参考附录 A。

⑥工业机器人取料及放料时,需由垂直方向进行。

⑦工业机器人在取料及放料时,需接收到反馈信号后,才能执行下一步动作。

⑧当工单设置中工件数量多于仓库数量的时候,需要将其放入余料位置。

⑨工业机器人自动完成夹具的放回动作。

⑩工作流程的结束点为机器人零点位置。

⑪整个过程中不得发生碰撞干涉,工件不可掉落。

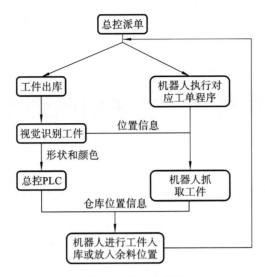

图 5-9　整体流程图

⑫轨迹点要求准确,不允许出现卡顿与碰撞现象。

⑬优化路径。

⑭合理控制机器人运行速度(建议机器人最大倍率修调不超过50%)。

(3)总控单元运行与应用。

根据要求正确设置工单并进行订单派发完成工件出库、视觉检测、工件入库的整个自动化过程。

要求:

①工单配置为:任务模式二的工单1,圆形工件派单数量为6,方形工件派单数量为6,矩形工件派单数量为8。

②工件出库时红色和蓝色工件各占总数量一半。

③启动选择工单后,整个过程自动完成,不得人为操作。

思考与练习题

1.简述总控单元在手动调试下可以实现哪些功能的控制。

2.简述总控软件工单配置的步骤。

3.简述联调的准备和一般步骤。

4.列举总控单元运行中出现的报警情况及解决办法。

附录 A 相关信息列表

表 A-1 平台主要功能模块 IP 地址分配表

序号	名称	IP 地址分配	备注
1	工业机器人	90.0.0.1	
2	总控 PLC	192.168.0.1	
3	计算机	192.168.0.20	
		90.0.0.X	同机器人网段
4	CCD 视觉相机	自动获取	
5	上位机软件	192.168.0.20	

表 A-2 机器人取放料编码定义表

IR[1]编码接收寄存器		IR[2]编码反馈寄存器	
IR[1]	编码定义	IR[2]	编码定义
1	呼叫执行取料	1	呼叫执行取料反馈
2	执行取料	2	执行取料过程中
3	呼叫取料完成反馈	3	呼叫取料完成
4	取料完成已确认	4	取料完成确认
5	放料完成反馈	5	放料完成
6		6	
7	呼叫放圆形蓝 1	7	呼叫放圆形蓝 1 反馈
8	执行放圆形蓝 1	8	执行放圆形蓝 1 过程中
9	呼叫放圆形蓝 2	9	呼叫放圆形蓝 2 反馈
10	执行放圆形蓝 2	10	执行放圆形蓝 2 过程中
11	呼叫放圆形红 1	11	呼叫放圆形红 1 反馈
12	执行放圆形红 1	12	执行放圆形红 1 过程中
13	呼叫放圆形红 2	13	呼叫放圆形红 2 反馈
14	执行放圆形红 2	14	执行放圆形红 2 过程中
15	呼叫放方形蓝 1	15	呼叫放方形蓝 1 反馈
16	执行放方形蓝 1	16	执行放方形蓝 1 过程中
17	呼叫放方形蓝 2	17	呼叫放方形蓝 2 反馈

IR[1]编码接收寄存器		IR[2]编码反馈寄存器	
18	执行放方形蓝 2	18	执行放方形蓝 2 过程中
19	呼叫放方形红 1	19	呼叫放方形红 1 反馈
20	执行放方形红 1	20	执行放方形红 1 过程中
21	呼叫放方形红 2	21	呼叫放方形红 2 反馈
22	执行放方形红 2	22	执行放方形红 2 过程中
23	呼叫放矩形蓝 1	23	呼叫放矩形蓝 1 反馈
24	执行放矩形蓝 1	24	执行放矩形蓝 1 过程中
25	呼叫放矩形蓝 2	25	呼叫放矩形蓝 2 反馈
26	执行放矩形蓝 2	26	执行放矩形蓝 2 过程中
27	呼叫放矩形蓝 3	27	呼叫放矩形蓝 3 反馈
28	执行放矩形蓝 3	28	执行放矩形蓝 3 过程中
29	呼叫放矩形蓝 4	29	呼叫放矩形蓝 4 反馈
30	执行放矩形蓝 4	30	执行放矩形蓝 4 过程中
31	呼叫放矩形红 1	31	呼叫放矩形红 1 反馈
32	执行放矩形红 1	32	执行放矩形红 1 过程中
33	呼叫放矩形红 2	33	呼叫放矩形红 2 反馈
34	执行放矩形红 2	34	执行放矩形红 2 过程中
35	呼叫放矩形红 3	35	呼叫放矩形红 3 反馈
36	执行放矩形红 3	36	执行放矩形红 3 过程中
37	呼叫放矩形红 4	37	呼叫放矩形红 4 反馈
38	执行放矩形红 4	38	执行放矩形红 4 过程中
39	呼叫执行圆形码垛	39	呼叫执行圆形码垛反馈
40	执行圆形码垛	40	执行圆形码垛过程中
41	圆形码垛完成反馈	41	圆形码垛完成
42	呼叫执行方形码垛	42	呼叫执行方形码垛反馈
43	执行方形码垛	43	执行方形码垛过程中
44	执行方形码垛完成反馈	44	执行方形码垛完成
45	呼叫执行矩形码垛	45	呼叫执行矩形码垛反馈
46	执行矩形码垛	46	执行矩形码垛过程中
47	执行矩形码垛反馈	47	执行矩形码垛
48	呼叫执行喷涂	48	呼叫执行喷涂反馈
49	执行喷涂	49	执行喷涂过程中
50	执行喷涂完成反馈	50	执行喷涂完成
51	呼叫执行模式一子程序	51	呼叫执行模式一子程序反馈

IR[1]编码接收寄存器		IR[2]编码反馈寄存器	
52	执行模式一子程序	52	执行模式一子程序过程中
53		53	
54	呼叫执行模式二子程序	54	呼叫执行模式二子程序反馈
55	执行模式二子程序	55	执行模式二子程序过程中
56	呼叫执行离线编程	56	呼叫执行离线编程反馈
57	执行离线编程	57	执行离线编程过程中
58	执行离线编程反馈	58	执行离线编程完成
59		59	
60	呼叫放余料	60	呼叫放余料反馈
61	执行放余料	61	执行放余料过程中
62	呼叫执行焊接	62	呼叫执行焊接反馈
63	执行焊接	63	执行焊接过程中
64	执行焊接完成反馈	64	执行焊接完成

表 A-3　工业机器人夹具 IO 地址信息表

序号	机器人 PLC 信号	定义	对应机器人 D_IN[i]/D_OUT[i]
1	X2.0	真空反馈	D_IN[17]
2	Y2.0	激光笔开关	D_OUT[17]
3	Y2.1	喷涂开关	D_OUT[18]
4	Y2.2	真空发生	D_OUT[19]
5	Y2.3	真空破坏	D_OUT[20]

附录 B 常见报警代码说明

报警号	报警信息	描述	可能原因	处理方法
65	Error occurred in the attached motion element	如果系统中出现任何未注册的错误,则关联运动元素的所有任务都会因此错误而停止	一般由其他系统报警导致	该报警信息无具体含义,一般由其他系统报警导致。会停止当前任务的运行
66	CPU overload	用户任务进入繁忙循环超过 4 s。增加延时	用户程序进入繁忙循环中	检查用户程序是否有循环不添加延时的情况,在循环中加入 SLEEP 指令以防止该错误发生
3000	TP. LIB error, Invalid Frame P1	TP. LIB 错误,P1 点坐标系错误	工具坐标系或者工件坐标系选择不正确	检查对应的坐标系是否选择正确
3016	Group envelope error	该组的位置误差大于 PEMAX 指定的允许误差	机器人在运行过程中末端的实际位置与反馈位置的差值大于 PE-MAX 导致	在"示教器变量列表"→"用户自定义"中添加变量 PEMAX,查询该变量的值,默认为 10,如果该值过小,联系售后人员解决
3017	Axis following error	轴的位置误差大于由 PEMAX 指定的允许误差	机器人在运行过程中某个轴的实际位置与反馈位置的差值大于该轴的 PEMAX 导致	在示教器变量列表→用户自定义中添加变量 a1. pemax(若其他轴的话,相对应修改轴名),查询该变量的值,默认为 0.5,如果该值过小,联系售后人员解决
3023	The action is not allowed in this CONMODE	这个动作是不允许的 N/A for MC	当前模式下,该运动不允许	检查伺服的模式是否切换到控制器控制模式;检查驱动是否都在位置模式

报警号	报警信息	描述	可能原因	处理方法
3058	The drive is disabled or in the following mode; no motion allowed	如果驱动器被禁用或轴处于跟随模式,则无法执行运动命令	伺服无使能或轴处于跟随模式时,机器人无法运动	检查伺服驱动的使能状态
3082	Feedback velocity is out of limit	实际速度受 VELOCIT-YOVERSPEED 属性的限制。当实际速度超过 VE-LOCITYOVERSPEED 时,运动停止	反馈速度使用 VELOCITYOV-ERSPEED 参数作为限制,当实际速度超出该值时,系统报警	检查轴速度相关参数设置(VELOCITYOVERSP-EED)
3083	Feedback velocity is out of limit when motion is stopped;drive disabled	实际速度受 VELOCIT-YOVERSPEED 属性的限制。当实际速度超过 VE-LOCITYOVERSPEED 时,运动停止。如果在运动已经停止时发生这种情况,则驱动器被禁用。这可能表示驱动器调试问题或噪声问题	机器人运动停止时,实际速度反馈超出限制	检查该轴对应伺服驱动参数设置;检查伺服驱动干扰
3085	Incorrect parameter value	当用户给定的参数不在允许的参数范围内时,返回一般错误	用户给定参数不在允许的参数范围内	检查参数数值,重新进行设置
3115	Element entered into following mode,all motions	运动由于元素禁用被中止	机器人伺服驱动无使能,停止运动	清除错误信息,重新上使能
3117	Point too close. The target coordinates are too close to the robot's Cartesian	目标点位于 R_{min} 球体内(仅在 PUMA 的情况下为 XY 圈)	机器人目标位置超出 R_{min} 限位,即目标点太靠近机器底座部分,R 的值为目标点位到机器人世界坐标系 Z 轴的垂直距	重新规划目标点位

报警号	报警信息	描述	可能原因	处理方法
3119	Point too far. Outside of the working envelope. The target coordinates are too far from the robot's Cartesian	目标点在 R_{max} 球体之外	机器人目标位置超出 X_{max}，Y_{max} 或 R_{max} 限位	重新规划目标点位
3121	The target point is not reachable	目标坐标超过 $[P_{min}, P_{max}]$ 的范围	机器人目标位置超出 $[P_{min}, P_{max}]$ 范围	重新规划目标点位
3122	Motion can not be executed due to the unsolvable configuration	在直线运动期间，一些启动和目标配置标志不会有差异（ABOVE，BELOW）	在运动执行过程中更改了修改配置	检查配置参数，重新开始执行任务
3253	Following error when motion is stopped; drive disabled	没有运动命令，但有位置误差。最大位置误差（P_{Emax}）可能设置得太低，轴可能被外力移动，或者驱动器可能没有正确调试	最大位置误差（P_{Emax}）可能设置得太低，或者轴可能被外力移动，或者驱动器可能没有正确调试	检查最大位置误差值设置、检查驱动器调试是否正确
3254	Envelope error when motion is stopped; drive disabled	没有运动命令，但有位置误差。最大位置误差（P_{Emax}）可能设置得太低，轴可能被外力移动，或者驱动器可能没有正确调试	最大位置误差（P_{Emax}）可能设置得太低，或者轴可能被外力移动，或者驱动器可能没有正确调试	检查最大位置误差值设置、检查驱动器调试是否正确
3302	Axis was disabled due to an error	由于错误轴被禁止	操作机器人方法有误或者机器人系统设置	按照正确的方法操作机器人，检查机器人系统是否设置正确或者联系售后人员
3307	Velocity exceeds its maximum during blending	圆滑过渡过程中，机器人末端速度即将达到最大值	圆滑过渡过程中，机器人末端速度即将达到最大值	判断该提示发生的位置，在该位置下圆滑过渡参数需要进行调整（BLENDINGFACOTR 的值需要增大）

报警号	报警信息	描述	可能原因	处理方法
3310	Acceleration exceeds its maximum during blending	圆滑过渡过程中,机器人末端加速度即将达到最大值	圆滑过渡过程中,机器人末端加速度即将达到最大值	判断该提示发生的位置,在该位置下圆滑过渡参数需要进行调整(BLENDINGFACOTR的值需要增大)
3312	Acceleration exceeds its	机器人末端加速度即将达到最大值	机器人末端加速度即将达到最大值	根据提示调整相应的加速度参数
4033	File does not exist	试图在闪存盘中不存在的文件上进行检索、删除、加载操作时,会显示此消息	对不存在的文件进行操作	检查文件是否存在
5048	Translation of command in Entry station took too long	命令的解释需要花费太多的时间	终端需要加载库较多时,可能出现此情况	检查终端
5049	Execution of command in Entry station took too long	命令的解释需要太多的时间。如果从终端调用的全局库中的函数/过程有无穷循环,通常会发生。使用 USER_SET_ES_LOCK_DETECT_TIMEOUT(timeout,0,0)用户函数来更改默认超时(3000 ms)	终端调用的全局库中的函数/过程有无穷循环	在 CS 终端输入"回车"键,或者重新连接控制器
7005	Errors found during translation	在解释过程中发现错误。如果在任务中发现解释错误,则在 LOAD 命令之后将返回此常规消息。如果在 CONFIG.PRG 文件中发现解释错误,错误严重程度将是致命错误	用户程序语法结构错误	检查用户程序对应行的语法,或者联系售后人员
7008	Subroutine already exists	子程序已被定义	子程序名已经被定义	修改当前子程序名

报警号	报警信息	描述	可能原因	处理方法
7019	Variable does not exist	您正在尝试使用的变量不存在。确保它已被声明	变量没有被声明	检查程序的变量名称是否有错;检查自定义变量是否有定义
7032	CALL references non-existent SUB	您正尝试调用不存在的子程序。子程序必须定义	在程序中调用了不存在的子程序	检查子程序是否存在;检测子程序名称是否对应
7039	Syntax Error	语法错误	程序中语法错误	检查程序重新编译
7048	Label repeated in the same block	Label 在同一个块中重复	Label 指令标签存在重复	Label 检查 Label 标签是唯一不能重复的,指令的标签是否重复
7049	GOTO references non-exisiting	GOTO 引用不存在的标签	GOTO 指令没有对应的 Label 指令	检查 GOTO 指令的是否有对应的 Label 指令
7054	If block mismatch	If 块必须以 End If 语句结束	If 指令没有匹配模块	检查条件 IF 语句是否缺少对应 END IF 语句或者有多余的 IF 语句
7055	While block mismatch	While 块必须以 End While 语句结束	While 指令没有匹配模块	检查条件 WHILE 语句是否缺少对应 END WHILE 语句或者有多余的 WHILE 语句
7092	Wrong input type for the select	输入类型无效	输入了一个错误的类型	检查输入量和被输入量是否是同一变量
8006	Index underflow	无效的数组索引值	索引超下限	检查程序中使用的数组下标(从 1 开始)
8007	Index overflow	无效的数组索引值	索引超上限	检查程序中使用的数组下标
8037	Error loading object file(see file oload. err for more details)	目标文件无效或包含未解析的符号	编译的.O 文件有误	联系售后人员
8062	The file name is too long. A file name should contain no more than 8 characters	文件名太长。文件名称不得超过 8 个字符	新建的文件名称太长,超过 8 个字符长度	把文件名称缩短,在 8 个字符长度以内

报警号	报警信息	描述	可能原因	处理方法
13104	X coordinate beyond XMAX limit	X 坐标超过了 X 最大值限制	机器人 X 坐标值超最大限位	检查程序点位信息,不允许超出限位
13105	X coordinate beyond XMIN limit	X 坐标超过了 X 最小值限制	机器人 X 坐标值超最小限位	检查程序点位信息,不允许超出限位
13016	Y coordinate beyond YMAX limit	Y 坐标超过了 Y 最大值限制	机器人 Y 坐标值超最大限位	检查程序点位信息,不允许超出限位
13107	Y coordinate beyond YMIN limit	Y 坐标超过了 Y 最小值限制	机器人 Y 坐标值超最小限位	检查程序点位信息,不允许超出限位
13108	Z coordinate beyond ZMAX limit	Z 坐标超过了 Z 最大值限制	机器人 Z 坐标值超最大限位	检查程序点位信息,不允许超出限位
13109	Z coordinate beyond ZMIN limit	Z 坐标超过了 Z 最小值限制	机器人 Z 坐标值超最小限位	检查程序点位信息,不允许超出限位
13132	Singularity margin -no Cartesian interpolation allowed	奇点边缘不允许笛卡尔插值	机器人目标点位进入奇异点范围,禁止笛卡尔插补运动	检查程序点位信息,程序轨迹不允许过奇异点
19004	Drive reports error	驱动器出现故障:SER-COS:查看 C1D, Ether-CAT/CAN:查看 SDO 0x603F	伺服驱动故障	检查伺服驱动器报警 LED 灯
19006	Drive reports warning	驱动器已经报警	伺服驱动报警	检查驱动器,清除报警
19007	Bus fault	最有可能是电缆断开连接	总线上所连接的设备(控制器、驱动器、IO 盒等)的总线出现通讯	排查总线上所有连接的硬件设备是否存在连接问题

续表

报警号	报警信息	描述	可能原因	处理方法
19012	Cannot enable axis/group	无法使能轴或组中的轴。通常是由于缺少/反转驱动器的硬件使能信号,或者其中一个轴有错误或驱动器地址为 axis. dadd 属性	通常是由于缺少/反转驱动器的硬件使能信号,或者其中一个轴有错误或驱动器地址为 axis. dadd 属性	检查各轴、组的相关设置,清除错误
19013	Cannot clear fault on drive	驱动器故障依然存在	清除伺服报警失败	重新确认伺服报警问题是否已经解决,再进行清除报警
19015	EtherCAT Master detected a change in topology or Expected Working Counter mismatched -Master is stop	EtherCAT Master 检测到拓扑的变化或预期的工作计数器不匹配-Master 停止	拓扑的变化或预期的工作计数器不匹配	检查 EtherCAT 参数相关设置
20153	A SLAVE IS ENABLED. DISABLE MOTION DRIVES	启用了一个伺服。在执行前禁用移动驱动器	在启用伺服前禁止运动	信号操作提示,无须进行其他操作
20300	PLL Error in the drives. Restarting EC_SETUP. PRG	驱动器中的 PLL 错误。重新启动 EC_SETUP. PRG	驱动器出错	重启机器人系统或者联系售后人员
20301	Ext Mode Error, Task does not exis	外部模式错误,任务不存在	外部程序未设置	设置对应的外部程序
20302	Ext Mode Error, Task must be finish	外部模式错误,任务必须先结束	程序未卸载就执行其他操作	先卸载任务
20303	Ext Mode Error, File cannot be load	外部模式错误,文件不能加载	程序加载过程出错,文件不存在或者外部程序	检查加载的程序文件是否存在以及变量列表中 EXT 设置是否正确
20304	Ext Mode Error, Errors found during translation	外部模式错误,错误发生在编译中	程序编译中出错,可能是程序语法错	检查程序

报警号	报警信息	描述	可能原因	处理方法
20305	Ext Mode Error, Task not found	外部模式错误，任务没有找到	没有加载任务	检查任务是否加载
20306	Ext Mode Error, Task already exists	外部模式错误，任务已经存在	任务已经加载，重复加载任务	信号操作提示，无须进行其他操作
20307	Ext Mode Error, Task is not running	外部模式错误，任务没有运行		信号操作提示，无须进行其他操作
20308	Ext Mode Error, The task has not terminated	外部模式错误，任务没有终止		信号操作提示，无须进行其他操作
20309	Ext Mode Error, Unload task first	外部模式错误，任务先卸载		信号操作提示，无须进行其他操作
20315	Ext Mode Note, User prog stopped	外部模式说明，用户程序暂停		信号操作提示，无须进行其他操作
20316	Ext Mode Note, User prog paused	外部模式说明，用户程序中止		信号操作提示，无须进行其他操作
20317	Ext Mode Note, User prog started	外部模式说明，用户程序开始		信号操作提示，无须进行其他操作
20318	Ext Mode Note, User prog resumed	外部模式说明，用户程序恢复		信号操作提示，无须进行其他操作
20319	Ext Mode Note, User prog loaded	外部模式说明，用户程序加载		信号操作提示，无须进行其他操作
20320	Ext Mode Note, drivers faults cleared	外部模式说明，伺服错误清理		信号操作提示，无须进行其他操作
20321	Preload File Error, Unknown error during loaded	预加载文件错误，加载main.prg 时出现未知错误	main.prg 中程序语法或者结构出错	检查 main.prg 中的程序内容
20322	Preload File Error, Sub function lib does exists	预加载文件错误，子功能库不存在	程序中调用了不存在的子程序	检查程序结构
20323	Preload File Error, Errors found during loading sub	预加载文件错误，在加载子函数库中发现错误	加载程序调用的子程序出错	检查相应子程序的语法和结构

续表

报警号	报警信息	描述	可能原因	处理方法
20324	Preload File Error,Errors found during loading program	预加载文件错误,在加载 main. prg 时发现错误	文件格式或者内容有错	检查文件内容格式和语法
20325	Preload File Error,Main prg file does not exists	预加载文件错误,main. prg 文件不存在	对不存在的 main. prg 文件进行操作	检查 main. prg 文件是否存在
20330	Ext Mode Error, File does not exists	外部模式错误,文件不存在	程序加载过程出错,文件不存在或者外部程序变量错误	检查加载的程序文件是否存在 EXT 设置是否正确
20331	IO_MAP Error, Set dout failed	IO_MAP 错误,设置 dout 失败	dout 被占用	检查 dout 是否被其他设置占用
20332	IO_MAP Error, Unknown Error	IO_MAP 错误,未知错误	IO 板块损坏	检查 IO 板块,或者联系售后人员
20333	IO_MAP Error, Get ain failed	IO_MAP 错误,获取 ain 失败	IO 板块损坏	检查 IO 板块,或者联系售后人员
20334	IO_MAP Error, Set aout failed	IO_MAP 错误,设置 aout 失败	IO 板块损坏	检查 IO 板块,或者联系售后人员
20335	IO_MAP Error, Get din failed	IO_MAP 错误,获取 din 失败	IO 板块损坏	检查 IO 板块,或者联系售后人员
20336	IO_MAP Error, Get dout failed	IO_MAP 错误,获取 dout 失败	IO 板块损坏	检查 IO 板块,或者联系售后人员
20340	Watchdog Timeout. Perhaps the network is blocked or disconnected, stop jogging	看门狗超时。也许网络被阻塞或断开,停止 jogging	网络被阻塞或断开	检查网络连接
20403	Start user Plc Error. User pls is disabled,can not start user plc	用户 Plc 开始错误。用户请禁用,不能启动用户 plc	用户 Plc 功能没有被启用	开启用户 Plc 功能再继续
20404	Start user Plc Error. Load USR_PLC. LIB	用户 Plc 开始错误。加载 USR_PLC. LIB 失败	USR_PLC. LIB 内容有错误	检查 USR_PLC. LIB 内容

报警号	报警信息	描述	可能原因	处理方法
20502	INTERNAL ERROR	内部错误（EC_MASTER_GENERAL_ERROR)	ethercat 通信主要常规错误	检查 ethercat 通信设置
20532	SLAVE ADDRESS ERROR	伺服地址错误	没有配置地址或者配置地址错误	检查伺服地址配置是否正确或者联系售后人员
20602	CAN'T INITIALIZE ADDRESS SPACE WHILE ACTIVE CONNECTIONS STILL	当任务连接仍然存在时，不能初始化地址空间	modbus 初始化地址失败	重启电柜或者联系售后人员
30000	TP. LIB error, Drive Fault Not Cleared	TP. LIB 错误，驱动器故障没有被清理干净	驱动器还有错误没有被清除	检查驱动器报警信息，将报警错误排除
30000	TP. LIB error, Target Point Not Reachable	TP. LIB 错误，目标点无法到达	目标点坐标超出机器人行程范围	重新规划目标点位

参考文献

［1］ 卢清波,宋艳丽,严峻.工业机器人技术基础[M].武汉:华中科技大学出版社,2018.

［2］ 邢美峰.工业机器人操作与编程[M].北京:电子工业出版社,2016.

［3］ 叶伯生.工业机器人操作与编程[M].武汉:华中科技大学出版社,2016.

［4］ 郝巧梅,刘怀兰.工业机器人技术[M].北京:电子工业出版社,2016.